高等职业教育"十四五"系列教材

高等职业教育土建类专业"互联网＋"数字化创新教材

建筑防水施工实训

程建伟　周　园　张广辉　主编

中国建筑工业出版社

图书在版编目（CIP）数据

建筑防水施工实训 / 程建伟，周园，张广辉主编
. — 北京：中国建筑工业出版社，2022.7
高等职业教育"十四五"系列教材　高等职业教育土
建类专业"互联网＋"数字化创新教材
ISBN 978-7-112-27456-7

Ⅰ．①建… Ⅱ．①程… ②周… ③张… Ⅲ．①建筑防
水—工程施工—高等职业教育—教材 Ⅳ．①TU761.1

中国版本图书馆 CIP 数据核字（2022）第 097060 号

　　本教材依据建筑防水新变化需求，将建筑防水设计与建筑防水施工整合起来，形成完整的建筑防水知识体系，并把新材料、新工艺、新技术融入教材当中。教材分为 6 个模块，内容包括：SBS 改性沥青防水系统施工，高分子自粘胶膜卷材预铺反粘防水系统施工，热塑性聚烯烃（TPO）防水卷材施工，室内涂料防水系统施工，金属屋面防水维修，宜顶装配式屋面系统施工等。

　　本教材采用标准化的编写方法，在内容安排和组织形式上做了新的尝试，为线上、线下实施"做、学、教"、"岗-训-赛-课-证"一体化的教学模式奠定基础。每个教学模块后附有工作任务单和分析评价表，采用工作手册方式呈现。可作为高职院校土建类相关专业选用，亦可作为建筑防水行业学习培训教材。

　　为便于教学和提高学习效果，本书作者制作了教学课件，索取方式为：1. 邮箱 jckj@cabp.com.cn；2. 电话（010）58337285；3. 建工书院 http：//edu.cabplink.com。

责任编辑：刘平平
责任校对：党　蕾

高等职业教育"十四五"系列教材
高等职业教育土建类专业"互联网＋"数字化创新教材
建筑防水施工实训
程建伟　周　园　张广辉　主编
＊
中国建筑工业出版社出版、发行(北京海淀三里河路9号)
各地新华书店、建筑书店经销
北京红光制版公司制版
北京圣夫亚美印刷有限公司印刷
＊
开本：787毫米×1092毫米　1/16　印张：12¼　字数：310千字
2022年8月第一版　　2022年8月第一次印刷
定价：38.00元（赠教师课件）
ISBN 978-7-112-27456-7
（39128）

前　言

　　随着防水新材料、新技术、新工艺在工程中不断的应用，防水设计及施工方法也发生了新的变化，特别是既有建筑渗漏修缮治理新工艺、新方法不断涌现。高等职业教育正进入高质量发展时期，适应产业发展需求表现更加突出。这些新变化需要编写一本建筑防水施工实训专业教材，满足高等职业院校土建类专业对建筑防水施工实训教学的基本要求。本教材编写过程充分体现了产教融合、校企合作，吸收建筑防水龙头企业大量工程实践案例，并结合高职高专模块教学改革的实践经验来编写。

　　本教材按照新型建筑防水材料选取教材内容，涵盖 SBS 改性沥青卷材、HDPE 高分子自粘卷材、高分子 TPO 卷材、防水涂料、金属屋面维修、装配式屋面防水、光伏屋面防水模块，教材内容覆盖面广，体现最新的防水技术，模块编写，符合学习者认知规律进行学习任务设定。编写过程中突出以下几个特点：

　　1. 教材结构及内容选取合理

　　每个教学模块以教学目标、思维导图、教学内容、教学任务单、分析评价等设置教学模块结构体系，将拓展教学内容、大量工程案例、施工工艺视频及习题答案通过二维码放到课程平台上，突出专业技能和能力的训练，视觉上更直观，重点更突出，知识点更明确。教材编写质量优秀、逻辑严密、文字流畅、图片丰富，教材通过二维码、APP 与课程平台链接，丰富扩展了教材内容，把纸质的工作手册移植到课程平台，更加便于及时更新教学内容，学习者通过手机端随时可以训练。

　　2. 教材变成素材集

　　教材知识体系完整，素材内容丰富，不易于表现的内容集成在雨虹课程平台上。课程平台上的内容，来自雨虹工程实践案例、职业技能训练和"雨虹杯"全国职业技能大赛。教材能够做到课上课下使用，线上线下使用。让教材变成能学辅教的方式之一，让单元设计落实到课堂中。多手段、多渠道、多资源、少论述。

　　3. 变教材为工具

　　教材体现引导学生学习，而且通俗易懂。教材将采用工作手册方式编写，能够灵活的更换教材更新的内容，在课上课外发挥作用，充分发挥教材的优势。

　　4. 教材有机融入课程思政

　　将梳理好的课程思政点与建筑防水专业知识点、技能点三者融合，把课程思政点有机分配到教材各个模块当中，分解到实际的教学任务中，做到融入自然，便于教师授课。

　　5. 教材兼顾课堂教学与培训相结合

　　本教材各个教学模块相对独立又兼顾相互联系，每个教学模块按照建筑防水新材料施工工艺及施工要点整合内容，利于行业按照防水材料展开职业培训，编写形式上考虑到课堂需要，兼顾了行业培训。

本书由徐州工业职业技术学院、北京东方雨虹防水技术股份有限公司。编写分工如下：

序号	姓名	单位	分工
1	程建伟	徐州工业职业技术学院	模块1、2主编统稿二维码内容
2	张广辉	北京东方雨虹防水技术股份有限公司	模块3、6
3	张静	徐州工业职业技术学院	模块4
4	王萌	徐州工业职业技术学院	模块5
5	周园，程公	北京东方雨虹防水技术股份有限公司，广西师范大学管理学院	课程思政案例

本书在编写过程中北京东方雨虹防水技术股份有限公司提供大量编写素材及视频，同时参考了国内外同类教材、论文、智慧职教云和筑龙网站相关的资料，在此，表示深深的谢意！并对为本书付出辛勤劳动的编辑同志们表示衷心的感谢！由于水平有限，教材中难免有不足之处，恳请读者批评指正。

目 录

模块**1**

Chapter **01**

SBS 改性沥青防水系统施工

 学习目标

掌握 SBS 防水卷材性能及正确选择防水材料；

掌握 SBS 热熔、自粘、复合防水施工工艺流程及施工要点；

掌握 SBS 防水细部节点施工要点；

熟悉 SBS 防水施工常见质量问题及处理方法；

了解 SBS 防水施工技术交底及施工方案编制内容；

能够指导 SBS 防水热熔、自粘、复合防水施工及会质量检测与控制；

通过细部 SBS 细部节点技能训练及施工安全管理，培养精益求精的工匠精神，树立安全生产和人民至上、生命至上的理念。

思维导图

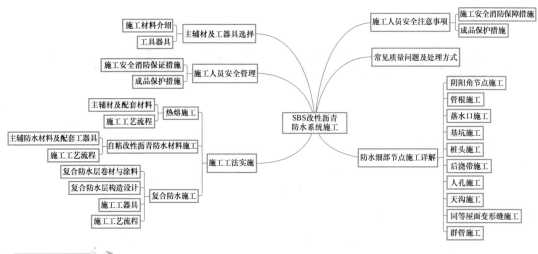

任务情境

　　对整个建筑工程而言，防水所占工程量不大，但关系重大。常言说"防水失败的建筑是没有用途的建筑"。防水属于隐蔽工程，如果发生渗漏，将给方方面面造成巨大的损失，需要花大量的精力和时间重新翻修，投入的维修费用和造成的社会影响极大。因此，防水可以说得上是"安居"的第一步，重要性不言而喻。据中国建筑防水协会统计，全国既有建筑已达 700 亿 m^2，渗漏率达 95.33%。渗漏主要原因为防水选材和施工质量问题造成，特别是建筑施工问题更加突出，现已成为行业内关注主要问题。在常用的防水材料中，弹性体（SBS）改性沥青防水卷材应用广泛，在防水体系中占有重要地位，本模块系统介绍弹性体（SBS）改性沥青防水卷材施工全过程及施工安全注意事项。

任务 1.1　主辅材及工器具选择

1.1.1　施工材料

1. 主材

（1）弹性体（SBS）改性沥青防水卷材

弹性体（SBS）改性沥青防水卷材（以下简称 SBS 改性卷材）是指以聚酯纤维毡（PY）为胎体材料，以苯乙烯－丁二烯-苯乙烯嵌共聚物（SBS）热塑性弹体为改性剂的沥青作涂盖材料，两面覆以隔离材料制成的防水卷材。常见的弹性 SBS 改性沥青防水卷材种类见表 1-1。

二维码1-1 弹性 SBS改性沥青防水卷材产品性能

常见的弹性 SBS 改性沥青防水卷材种类一览表　　　　表 1-1

常见弹性卷材的种类	实物图片
PMB-741 弹性体（SBS）改性沥青防水卷材 适用于各种工业与民用建筑屋面工程的防水；工业与民用建筑地下工程的防水、防潮以及室内游泳池、消防水池等构筑物防水；地铁、隧道、混凝土铺筑路面、桥面、污水处理场、垃圾，填埋场等市政工程防水；水渠、水池等水利设施防水	
ARC-701 聚合物改性沥青化学耐根穿刺防水卷材 适用于种植屋面及需要绿化的地下建筑物顶板的耐植物根系穿刺层，确保植物根系不对该层次以下部位的构造形成破坏，并具有防水功能	

（2）自粘聚合物改性沥青防水卷材

自粘聚合物改性沥青防水卷材，是以 SBS、SBR 为主改性剂并加入增添树脂材料的高聚物改性沥青为主体材料，整体具有自粘性的防水卷材。按有无胎基分为无胎类（N 类）、聚酯胎类（PY 类）。常见自粘聚合物改性沥青防水卷材种类见表 1-2。

二维码1-2 自粘 SBS改性沥青防水卷材产品性能

常见自粘聚合物改性沥青卷材种类一览表   表 1-2

常见自粘改性沥青卷材种类	实物图片
SAM-920 无胎自粘聚合物改性沥青防水卷材 适用于明挖法地铁、隧道、水池、水库、水渠等工程防水；不准动用明火的工程防水；双面自粘卷材仅适用于辅助防水，也可用于两种不相容材料防水层交接处的粘结和密封	
SAM-921 高强型自粘沥青防水卷材 适用于各类建筑的非暴露层面、地下和室内工程，以及明挖地铁、隧道、水池、水渠等防水工程，尤其适用于不准动用明火的防水工程	
SAM-930 自粘聚合物改性沥青聚酯胎防水卷材 适用于非外露屋面和地下工程的防水工程，也适用于明挖法地铁、隧道以及水池、水渠等防水工程，尤其适用于不准动用明火的工程，低温柔性更好，适用于寒冷地区	
SAM-940 预铺反粘专用沥青防水卷材 适用于建筑地下及明挖法地铁等地下工程的底板和侧墙防水工程	
SAM-980 聚酯胎自粘沥青防水卷材 广泛用于各类建筑的非暴露屋面、地下和室内防水工程，以及明挖地铁、隧道、水池、水渠等防水工程，尤其适用于不准动用明火的防水工程	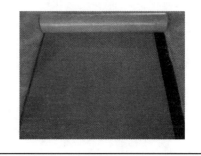

2. 辅材（常见辅材种类见表 1-3 所示）

常见辅材种类一览表　　　　　　　　　　　　　表 1-3

辅材种类	实物图片
1. 基层处理剂 基层处理剂分为：BPS-201 基层处理剂，BPS-202 水性沥青基层处理剂	
2. FDB-401 防水堵漏宝 各种地下建筑物或构筑物、电缆沟道、水池、厕卫间、人防洞库、地铁、隧道等工程的防潮、抗渗、堵漏；地下管道、自来水管道、坝堤、设备基础的紧急抢修及简单修补基层	
3. BSR-242 沥青基防水卷材密封膏 Ⅰ型：用于水平面缝、阴角圆弧处理，也可用于卷材密封； Ⅱ型：适用于卷材边缘和终端收头的密封	
4. 卷材收口压条 管箍 收口压条主要适用于卷材末端收头固定。管箍主要适用于管根收头处理	
5. PE 泡沫棒 用于伸缩缝、屋脊处填充	

1.1.2 工具器具

SBS 改性沥青卷材防水常用的施工工具器具见表 1-4。

SBS 改性沥青卷材防水施工常用的工具器具一览表 表 1-4

工具器具种类	实物图片
1. 热熔喷枪 用途：烘烤卷材，不同部位采用大小不同喷枪；三脚架设计施工方便	
2. 前直后勾刀 用途：裁剪卷材	
3. 锤子、凿子 用途：修补基层	
4. 底油喷涂机、滚筒 用途：清理基层及喷涂底油	
5. 压辊 用途：卷材封边及压实排气	
6. 丁字尺、卷尺 用途：测量卷材及裁剪卷材	

续表

工具器具种类	实物图片
7. 弹线器 用途：卷材排板弹线	
8. 圆鼻铲 用途：细部节点处理	
9. 螺丝刀 用途：用于紧固螺栓、修理工具	
10. 手套、护膝、腰包 用途：劳保用品	
11. 活动扳手 用途：安装拆卸螺栓	
12. 检查钩 用途：检查卷材压边密实度	
13. 点火器 用途：热熔喷枪打火	

任务 1.2 施工工法实施

1.2.1 热熔施工

二维码1-3 热熔
SBS改性沥青防水
卷材施工工艺视频

1. 主辅材及配套材料

热熔法施工主材选择主要为 SBS 弹性改性沥青防水卷材和聚合物改性沥青化学耐根穿刺防水卷材，见表 1-1。配套系统材料主要有基层处理剂 BPS-201、BPS-202 及改性沥青密封材料 BSR-242 等。附加层防水材料一般采用 3mm 的 SBS 卷材，配件采用金属压条和螺钉。

2. 施工工艺流程

热熔法施工工艺流程如图 1-1 所示。

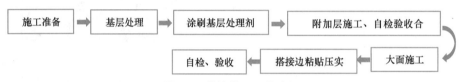

施工准备 → 基层处理 → 涂刷基层处理剂 → 附加层施工、自检验收合

自检、验收 ← 搭接边粘贴压实 ← 大面施工

图 1-1 热熔施工工艺流程

（1）施工准备（图 1-2）

1	基层验收	防水层相关的各构造层验收合格；各种设备的基础、水落口、各种预埋地，地下锚杆、桩头等安装完毕
2	材料复检	防水材料进场抽检做复试且合格
3	施工方案	防水施工方案已经通过审批
4	人员准备	防水施工现场管理人员与防水施工人员已到位
5	机具、现场	防水施工机具、现场安全消防设施、现场产品保护设施已到位
6	技术安全交底	已做好防水施工技术与安全交底

图 1-2 热熔施工准备

现场布置要求：材料摆放整齐；卷材立放且摆放间距为 1m（横向间距）、10m（纵向间距）；警戒线封闭，预留 3～5m 出入口进出施工区域；工程概况牌、警示牌（无开胶、污损）摆放位于出入口旁侧。施工现场布置如图 1-3 所示。

图 1-3　热熔施工现场布置要求

材料矩形码放、整齐（卷材码放不能超过 1 层）；警戒线封闭，防火布苫盖，配备灭火器；标识牌、警示牌无污损。施工现场布置如图 1-4 所示。

图 1-4　材料矩形码放施工现场布置

（2）基层处理

防水卷材的基层要求：基层应坚实，无空鼓、起砂、裂缝、松动和凹凸不平(图 1-5)，基层不得有积水、积雪现场（图 1-6）。一般基层含水率不超过 9%，阴角部位用水泥砂浆

图 1-5　基层起砂、凹凸不平

抹半径圆弧 50mm。

图 1-6 基层现场清理

（3）涂刷基层处理剂

防水卷材涂刷基层处理剂要点：要使用与主材相融的基层处理剂，采用滚涂或喷涂施工，基层处理剂应一致，应满涂，不得漏涂；要等基层处理干燥后（指触不粘）及时进行卷材铺贴。施工现场施工如图 1-7 所示。

图 1-7 涂刷基层处理剂施工现场

（4）附加层施工自检合格

防水卷材附加层施工要点：在铺设大面卷材之前，应先按相关规范和设计要求对细部节点部位的防水附加层进行施工。附加层选用与大面防水层相同品种的卷材或与卷材相融的涂料。附加层宽度为 500mm，并热熔满粘。现场施工如图 1-8 所示。

图 1-8 现场施工

（5）大面施工

1）大面弹线样图，如图 1-9 所示。

图 1-9　大面弹线施工

2）大面卷材预铺释放应力样图，如图 1-10 所示。

图 1-10　大面卷材预铺释放应力

3）大面烘烤卷材，将起始端卷材粘牢后，持火焰喷灯对着待铺的整卷卷材，使喷灯距卷材及基层加热处 0.3～0.5m 施行往复移动烘烤，应加热均匀，不得过分加热或烧穿卷材。至卷材底面胶层呈黑色光泽并伴有微泡（不得出现大量气泡），及时推滚卷材进行粘铺，后随一人施行排气压实工序（图 1-11）。

4）搭接边处理。长边搭接不小于 100mm；短边搭接不小于 150mm；所有搭接边应均匀挤出沥青条。现场施工样图如图 1-12 所示。

图 1-11　大面积烘烤卷材施工

图 1-12　搭接边处理施工

5) 铺贴要求为同一层卷材铺贴时，短边搭接与短边搭接应错开 500mm 以上；粘贴第二层卷材时，重复第一层操作过程进行粘结。第二层卷材的接缝应与第一层卷材错开 1/3～1/2 幅宽，第一层卷材和第二层卷材必须满粘，且两层卷材不得相互垂直铺设。现场施工样图如图 1-13 所示。

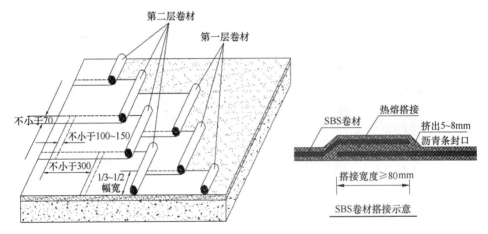

图 1-13　卷材铺贴现场施工

（6）热熔 SBS 卷材防水施工自检验收

施工单位按照设计要求，自行组织质量检查验收，后由项目经理申请甲方监理、总包进行验收，防水层必须进行闭水试验（屋面和具备闭水条件的工作面）。施工现场自检及闭水试验如图 1-14 所示。

图 1-14　防水施工闭水试验及自检验收

1.2.2　自粘改性沥青防水材料施工

自粘改性沥青防水适用于地下工程、屋面工程、适用于水池类工程。

1. 主辅防水材料及配套工器具

常见自粘聚合物改性沥青防水卷材种类见表 1-2，辅材种类见表 1-3，施工工具、器具见表 1-4。自粘聚合物改性沥青卷材有胎卷材和无胎卷材两种，有胎卷材厚度为 2mm、3mm、4mm，尺寸稳定性高；无胎卷材厚度为 1.2mm、1.5mm、2.0mm，延伸性较高，具有较高的断裂延伸率，但拉力、粘结力（剪切性能）均低于有胎防水卷材。

自粘卷材性能特点：卷材与基层粘结牢固，具有安全性、环保性和便捷性；对于外界应力产生的细微裂纹具有优异的自愈合性；持久的粘结性，与基层粘结不脱落、不窜水，搭接缝处自身粘结与卷材同寿命；综合力学性能优异，高低温性能优异，使用温度范围广；抗拉强度高，延伸率大，对基层收缩变形和开裂的适应能力强；无需明火施工，施工快捷方便，安全环保。

自粘湿铺卷材性能特点：无需对不平基层进行专门处理，无需底涂，采用水泥砂浆与建筑基层满粘结，抗破坏能力强，具有优异的防水功能，有效阻止液态水和水蒸气进入结构中；自粘沥青具有较强蠕变性，对基层的变形适应能力强，能够满足多种施工环境要求；良好的"自愈"功能，防止窜水现象的发生。同时，能够弥补混凝土只有刚性防水的不足，达到刚柔相济的双重防水效果；搭接边部位采用增强层补强，确保产品施工过程中粘结牢固可靠；可直接在潮湿或有潮气的结构混凝土基层上施工，大大缩短工期，节约施工成本。

自粘卷材性能的劣势：天气寒冷时，不容易施工需要加热处理，施工时气温应在 5℃以上，不宜在特别潮湿且不通风的环境中施工；对基层洁净程度要求高；自粘搭接边粘接不牢；表层隔离膜难撕尽。

2. 施工工艺流程

（1）预铺反粘法施工工艺

1）施工准备

施工图纸会审、编制防水施工方案，防水主体辅助材料的采购，施工人员技术交底，施工现场清理，如图 1-15 所示。

二维码1-4 自粘改性沥青防水卷材施工工艺视频

2）基层处理

基层要求平整、压光、不得有起砂、掉皮、酥松、裂缝、麻面等缺陷，平整度应符合规范要求；基层干燥、干净，阴角处抹 50mm 圆弧；防水基层上的各种构造、设施及设备应安装完毕并验收合格，施工现场清理见 1-16 所示。

3）涂刷基层处理剂

要使用与主材相融的基层处理剂，采用滚涂或喷涂施工，基层处理剂应均匀一致，应满涂，不得漏涂；要等基层处理干燥后（指触不粘）及时进行卷材铺贴。施工现场涂刷基层处理剂样图如图 1-17 所示。

4）附加层施工

在细部构造部位，如阴角、水落口、天沟等处先铺贴附加层卷材，附加层卷材应用双

图 1-15　施工现场准备

图 1-16　现场基层处理

图 1-17　施工现场涂刷基层处理剂

面自粘防水卷材，粘结牢固并用压辊压实，施工现场附加层细部处理如图 1-18 所示。

图 1-18　施工现场附加层细部处理

5）大面施工

先弹基准线、试铺、确定卷材铺贴位置；用裁纸刀轻轻划开卷材隔离膜，对准基准线边撕隔离膜边铺贴卷材；卷材粘贴好后，可用压辊碾压向前和两侧排气，使卷材牢固粘贴在基层；自粘防水卷材施工环境温度为 5～35℃，最佳温度为 10～35℃。温度过低时可采取辅助加热。施工现场大面积施工样图如图 1-19 所示。

6）搭接边处理及撕去隔离膜

施工现场搭接边处理及撕去隔离膜样图如图 1-20 所示。

图 1-19　施工现场大面积施工

图 1-20　施工现场搭接边处理及撕去隔离膜

7）卷材收头固定

预铺反粘法现场施工卷材收头样图如图 1-21 所示。

图 1-21　预铺反粘法现场施工卷材收头

（2）自粘/湿铺施工工艺

同预铺反粘法施工准备。

（3）双面自粘卷材湿铺法施工工艺

湿铺防水卷材施工方法：它是指将用于非外露防水工程的湿铺防水卷材，用水泥凝胶（素水泥浆）与基层粘结的施工方法。适用于各类工业与民用建筑的屋面、地下室等防水工程，特别适用于防水等级较高、施工环境较差、潮湿、赶工期的防水工程。主要施工机具如下：

基层清理工具：钢丝刷、扫帚、小平铲、锤子、冲洗水管等。

施工工具：铁抹子、电动搅拌器、配料桶、塑料刮板、橡胶压辊、剪刀或裁纸刀、钢卷尺、皮卷尺、墨盒、热风枪或喷枪等。

防护工具：工作服、安全帽、橡胶手套、平底橡胶鞋、安全带（绳）等。

1）基面清理

清除基层表面杂物、油污、砂子，凸出表面的石子、砂浆疙瘩等应清理干净，清扫工作必须在施工中随时进行，并修补平整表面。尤其铲除排水口、烟囱、管壁上的水泥砂浆等附着物；阴阳角采用水泥砂浆抹成圆弧角，阴角最小半径 50mm，阳角最小半径 20mm。基面若有明水，扫除即可施工。

2）配置水泥素浆

按水泥∶水＝2∶1（重量比）。先按比例将水倒入原已备好的拌浆桶，再将水泥放入水中，浸泡 15～20min 并充分浸透后，把桶面多余的水倒掉；然后加入水泥用量的 5%～8% 聚合物建筑胶（保水剂），用电动搅拌机进行搅拌，搅拌时间 5min 以上。

3）弹基准线试铺

根据施工现场状况，进行合理定位，确定卷材铺贴方向，在基层上弹好卷材控制线，依循流水方向从低往高进行卷材试铺。卷材总体铺贴顺序为：先高跨，后低跨；同等高度，先远后近；同一立面，从高向低处开始铺贴。

4）撕开卷材底部隔离纸

卷材试铺后，先将要铺贴的卷材剪好，反铺于基面上（即是底部隔离纸朝上），撕剥去卷材隔离纸。撕剥时，已剥开的隔离纸宜与粘结面保持 45°～60°的锐角，防止拉断隔离纸，尽量保持在自然松弛状态，但不要有皱褶。

5）卷材铺贴

滚铺法：将卷材对准基准线试铺，在约 5m 长处用裁纸刀将隔离纸轻轻划开，注意不要划伤卷材，将未铺开卷材隔离纸从背面缓缓撕开，同时将未铺开卷材沿基准线慢慢向前推铺。边撕隔离纸边铺贴。铺贴好后再将前面试铺剩余的约 5m 长卷材卷回，依上述方法粘贴在基层上。

抬铺法：把已剪好的卷材反铺于基面上（即是底部隔离纸朝上），待剥去卷材全部隔离纸后，再将水泥素浆刮涂在卷材粘结面和基面待铺位置，然后分别由两人从卷材的两端配合抬起，翻转和铺贴在待铺位置上。卷材与相邻卷材之间为平行搭接，待长、短边搭接施工时再揭除上下卷材搭接隔离膜。

6）辊压排气

待卷材铺贴完成后，用软橡胶板或辊筒等从中间向卷材搭接方向另一侧刮压并排出空气，使卷材充分满粘于基面上。搭接铺贴下一幅卷材时，将位于下层的卷材搭接部位的隔离纸揭起，将上层卷材对准搭接控制线平整粘贴在下层卷材上，刮压排出空气，充分满粘。

7）搭接封边、收头密封

单面粘卷材搭接边施工：短边相邻卷材之间为平行搭接，用 HNP 胶粘带盖条加温粘结（屋面胶粘带盖条宽度 100mm，地下室胶粘带盖条宽度 160mm）。长边为加温自粘搭接，搭接宽带不小于 80mm。大面积铺贴完成后 24h 再进行搭接边施工，施工时清理干净搭接边部位的泥浆及灰尘，再揭除上下卷材搭接隔离膜（短边不用撕隔离膜），用热风枪边加温边粘结。

8）节点处理

① 女儿墙部位收口处理：做水泥砂浆时需将墙与屋面交接处阴角抹成半径约 50mm 的小圆角，基面达到要求后，先涂刷一道聚氨酯防水层，在涂刷均匀后立即贴一层胎体增强层（玻纤布），然后涂刷第二道聚氨酯防水层，与基面粘结牢固，也便于自粘卷材的施工。

② 阴阳角及管口部位的处理：阴阳角处须用砂浆做成 50mm 的圆角，增设防水附加层一道，附加层中设有玻纤布一道。管口与基面交接处，抹好找平层后，预留凹槽，嵌填密封材料，再给管道四周除锈、打光，管口部位的四周 500mm 范围内设防水附加层，增设玻纤布一道，确保全面达到防水效果。

9）成品养护及保护：

晾放 24～48h（具体时间视环境温度而定，一般情况下，温度愈高所需时间愈短）。高温天气下，防水层应防止暴晒，可用遮阳布或其他物品遮盖。

（4）自粘卷材施工注意事项

1）材料的运输和堆放出现的问题

自粘类卷材应用塑胶带成卷包装，避免日晒雨淋，贮存温度不高于 45℃，环境温度过低时，可以采用热熔法施工，但不能长时间烘烤而破坏卷材。施工现场存放样图见图 1-22 所示。

正确堆放　　　　　　　　　　　错误堆放

图 1-22　施工现场存放

2）施工中可能出现的问题（图 1-23）

基层处理不当　　　　　　　　温度低搭接边不容易粘牢（平面）

细部不易处理　　　　　　　　　　表面易受污染

保护不当易损坏　　　　　　温度低搭接边不容易粘牢（立面）

图 1-23　施工中可能出现的问题

二维码1-5 复合改性沥青防水卷材施工工艺视频

1.2.3 复合防水施工

复合防水层由彼此相容的卷材和涂料组合而成的防水层。要求材料相容"同材质"，施工工法"相容"，施工工艺参数匹配。两种防水材料粘接在一起，相互之间不发生物理或化学性的损害。复合防水层构成示意图如图 1-24 所示。

图 1-24　复合防水层构成示意

1. 复合防水层卷材与涂料

复合防水层卷材改性沥青类卷材主要有高聚物改性沥青卷材、自粘聚合物改性沥青卷材。复合防水层涂料主要有复合热粘法使用的热粘型沥青涂料和非固化橡胶沥青防水涂料。非固化橡胶沥青防水涂料是由优质石油沥青、功能性高分子改性剂及特种添加剂组成。该产品施工后永不固化，始终保持原有的弹塑性状态。可作为单独防水密封层施工，也可与卷材等防水材料形成复合式的防水构造。这种涂料主要特点：

（1）可与基层满粘。材料本身可以与水泥基面、防水卷材、木材、钢材等进行满粘结。与基层微观满粘，封堵毛细孔，尽可能地实现行业内推崇的"皮肤式"防水。防水范围内，不会窜流，如图 1-25 所示。

图 1-25　非固化橡胶沥青防水涂料基层满粘试验

（2）奇特的自愈性。自行修复由于外力造成的防水层破损，具有自锁功能，水都会被限定在破坏点范围内，不会发生窜流水的现象，如图 1-26 所示。

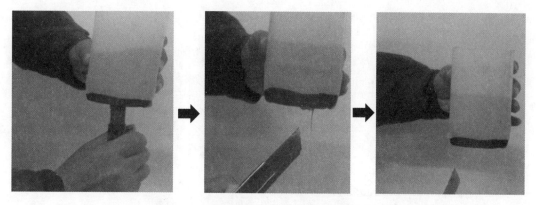

图 1-26　非固化橡胶沥青防水涂料自愈性试验

（3）施工方便快捷。可以刮涂或喷涂施工，机械化程度高，施工速度快，刮涂施工简单而又轻便。因具有较高的固含量，施工一道（喷涂与刮涂）就可以达到设计厚度，如图 1-27 所示。

喷涂法

刮涂法

图 1-27　非固化橡胶沥青防水涂料方法

（4）特种非固化具备无毒、无味、无污染，固含量可达 99％以上，几乎无任何挥发物，没有游离的甲醛、苯、苯＋二甲苯，极少量的挥发性有机物。

2. 复合防水层构造设计

（1）地下室底板、侧墙、普通顶板、屋面防水构造做法

防水层设计一般按照一级防水。常采用 2mm 厚特种非固化橡胶沥青涂料＋（3mm/4mm 厚）改性沥青防水卷材，SBS 改性沥青防水卷材搭接部位热熔满粘，自粘卷材搭接部位宜辅助加热。地下室底板、侧墙、普通顶板及屋面构造节点如图 1-28 所示。

（2）种植顶板或屋面防水构造做法

防水层设计按照一级防水设计，防水层一般为 4mm 厚 SBS 改性沥青耐根穿刺防水卷材，2mm 厚特种非固化橡胶沥青涂料，SBS 耐根穿刺防水卷材搭接部位热熔满粘。种植顶板或屋面防水构造做法如图 1-29 所示。

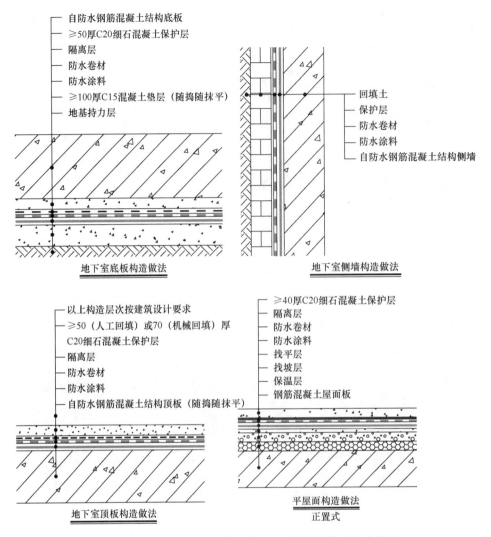

图 1-28　地下室底板、侧墙、普通顶板及屋面构造节点做法

3. 施工工具

（1）主要施工工具

主要施工工具有扫把、吹风机、锤子、凿子、铲刀、弹线器、卷尺、压辊、刀子、丁字尺、喷枪等。非固化加热器，型号 JCM-RY400 非固化加热器，施工功率 380V、7.5kW，加热时间约 45min，具体时间按环境温度而定；2 个放料口、2 个出料口、双搅拌系统；可与涂料喷涂机组合，实现多点刮涂和喷涂同时施工；工作效率一天 8h 可连续化料 4.5t（加热至适宜刮涂温度）。如图 1-30、图 1-31 所示。

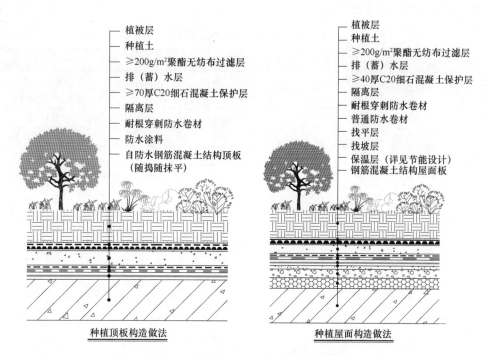

左图标注（种植顶板构造做法）：
- 植被层
- 种植土
- ≥200g/m²聚酯无纺布过滤层
- 排（蓄）水层
- ≥70厚C20细石混凝土保护层
- 隔离层
- 耐根穿刺防水卷材
- 防水涂料
- 自防水钢筋混凝土结构顶板（随捣随抹平）

种植顶板构造做法

右图标注（种植屋面构造做法）：
- 植被层
- 种植土
- ≥200g/m²聚酯无纺布过滤层
- 排（蓄）水层
- ≥40厚C20细石混凝土保护层
- 隔离层
- 耐根穿刺防水卷材
- 普通防水卷材
- 找平层
- 找坡层
- 保温层（详见节能设计）
- 钢筋混凝土结构屋面板

种植屋面构造做法

图 1-29　种植顶板或屋面防水构造做法

吹风机　　　　　喷枪　　　　　底油喷涂机　　　　　压辊

图 1-30　铺贴卷材工具

图 1-31　非固化加热器

（2）辅助施工工具（表1-5）

复合防水层施工辅助施工工具表 表1-5

序号	机具名称	规格	用途
1	高压吹风机、扫帚	300W、常用	清理基层
2	铁桶、木棒	20L、1.2m	盛装、搅拌基层处理剂
3	长把滚刷、毛刷	$\phi60\times250mm$	涂刷基层处理剂
4	剪刀、裁毡刀	常用	裁剪卷材
5	卷尺、盒尺	50m、2~5m	丈量
6	封边热熔燃具		接缝及细部热熔卷材用
7	弹线盒		弹基准线用
8	铁抹子	同抹灰工常用工具	用于卷材搭接及细部处理
9	手轧辊	$\phi40\times50mm$	压实搭接缝
10	铁辊	300mm长，30kg重	滚轧大面卷材
11	加热器	专用工具	非固化涂料加热
12	胶皮刮板		推刮卷材，刮边
13	手推车		平面运输
14	干粉灭火器		消防备用
15	工作服	长袖、长裤	施工人员安全防护
16	安全帽、手套、口罩		施工人员安全防护
17	卷材热熔铺贴机	成套设备	整卷大面积连续铺贴

4. 施工工艺流程

（1）基层清理

防水基层要求平整、压光、不得有起砂、掉皮、酥松、裂缝、麻面等缺陷，平整度应符合规范要求；基层干燥、干净，阴角处抹50mm圆弧；防水基层上的各种构造、设施及设备应安装完毕并验收合格（图1-32）。

基层清理

基层抛丸

图1-32 基层处理及涂刷基层处理剂

（2）涂刷基层处理剂

涂刷基层处理剂，做好封闭基层、提高涂料与基层的粘接性。根据现场需要的施工排布方向进行预放，脱桶器加热非固化，目测桶内涂料表面浮满气泡，并轻微挥发热气则达到脱桶要求，脱桶器使用中，非固化液料在加热到一定温度条件下，易外溅出桶，极易着火。脱桶器使用过程中，要有专人看护，并且配备足够灭火器。熔炉二次加热非固化，非固化开桶后放入脱桶器内加热，达到涂料脱桶要求后，将涂料再倒入加热熔炉内加热至120℃（喷涂需加热至150℃）。达到设定温度后通过阀门将涂料放入容器内。加热温度高，涂料取用过程中需使用耐热手套或隔热布垫对人员进行保护。涂刷固化剂如图 1-33 所示。

卷材预防　　　　　　　　脱桶器加热非固化

熔炉二次加热非固化　　　　　　　放料

喷涂　　　　　　　　涂刷固化剂

图 1-33　涂刷固化剂现场

（3）附加层施工

节点及阴阳角部位应先涂刷非固化橡胶沥青涂料增强层，厚度为 2mm，宽度为500mm；然后将聚酯无纺布粘贴其表面，聚酯无纺布的宽度 500mm，附加层的搭接宽度为 100mm，如图 1-34 所示。涂料刮涂前卷材进行预铺，确定搭接边满足规范要求，如图 1-35 所示。

图 1-34 附加层施工现场

图 1-35 卷材预铺施工现场

（4）大面机械喷涂或刮涂施工

先弹基准线，试铺，确定卷材铺贴位置；可以刮涂和喷涂施工，机械化程度高，施工速度快，刮涂施工简单而又轻便，施工一道（喷涂与刮涂）就达到设计厚度；在两块卷材中间空档区域按设计要求刮涂非固化涂料，涂料刮涂完成后立即翻盖卷材，如图 1-36 所示。

机械化喷涂施工　　　　　　　　　　刮涂法施工

图 1-36 涂料喷涂施工

涂刷非固化剂　　　　　　　　　　　翻盖卷材

图 1-36　涂料喷涂施工（续）

（5）铺贴卷材

使用金属压辊压实卷材，宜两人同时进行压实，必须在非固化失去温度前及时压实卷材，如图 1-37 所示。

图 1-37　卷材铺贴压实

（6）卷材搭接缝的粘结和密封

搭接部位采用热熔工艺，不得用非固化搭接，如图 1-38 所示。

（7）防水质量检查及质量验收

防水工程施工结束后，做好闭水试验，施工单位做好自检，如图 1-39 所示。

图 1-38　长短边搭接密封处理

图 1-39　闭水试验及质量自检

5. 施工注意事项

防水施工环境温度，为－10～35℃，雨天雪天 5 级风以上不宜进行防水施工；阴阳角平面与立面的转角处应该抹成圆弧半径 50mm；施工人员进入现场应配备相应的安全防护；施工现场严禁烟火，保持良好通风；钢筋绑扎前铺设一道无纺布隔离层；现场需要配备耐热手套及防烫垫布；加热现场需要摆放至少 2 个 10kg 灭火器或一车黄沙；加热现场必须委派专人看护。

6. 材料储运

存放区需放置：警示牌、材料展示牌、灭火器；卷材需竖立放置，总高度不得高于两层，且严禁平放或者斜放（同时卷材运输也需遵循此规定）。高度不得高于 1.5m，四周设置警戒带。现场存放如图 1-40 所示。

图 1-40　防水卷材现场存放

SBS 改性沥青防水细部节点施工

1.3.1　阴阳角施工（图 1-41）

图 1-41　阴阳角施工

二维码1-6 SBS
改性沥青防水卷材
阳角施工工艺视频

1.3.2　管根施工（图 1-42）

管根大面

管根附件层

二维码1-7 SBS
改性沥青防水卷材
阴角施工工艺视频

管根立壁施工

管根收口密封

二维码1-8 SBS
改性沥青防水卷材
管根施工工艺视频

图 1-42　管根施工

1.3.3 落水口施工（图1-43）

基层清理

涂刷基层处理剂

附加层下反50mm,上反100mm

落水口部位切米字向内粘贴

图1-43　落水口施工

1.3.4 基坑施工（图1-44）

基坑定点

弹线

图1-44　基坑施工

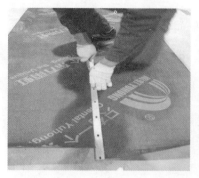

基坑附加层裁剪

二维码1-10 SBS
改性沥青防水卷材
基坑施工工艺视频

基坑附加层铺贴

图 1-44　基坑施工（续）

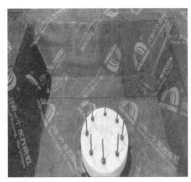

基坑大面热熔施工

图 1-44 基坑施工（续）

1.3.5 桩头施工（图 1-45）

清理桩头

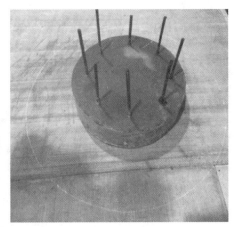

桩头湿润，刷渗透结晶

图 1-45 桩头施工

 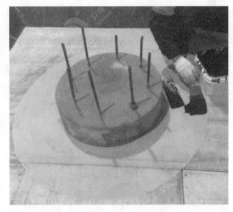

透结晶养护，刷第一道沥青涂料

二维码1-11 SBS
改性沥青防水卷材
桩头施工工艺视频

桩头周围卷材铺贴，刷第二道沥青涂料、扎止水条

图 1-45　桩头施工（续）

1.3.6 后浇带施工（图 1-46）

附加层垂直于后浇带方向铺贴，两侧上返宽度 250mm。

附加层定点弹线

附加层铺贴

二维码1-12 SBS改
性沥青防水卷材后
浇带施工工艺视频

大面铺贴卷材

图 1-46 后浇带施工

1.3.7　人孔施工（图 1-47）

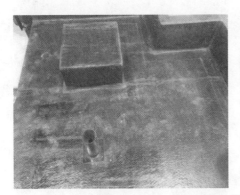

附加层弹线 附加层铺贴

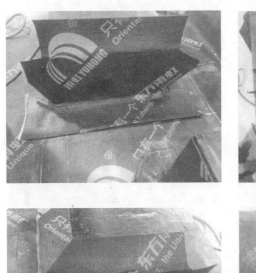

人孔大面铺贴

图 1-47　人孔施工

1.3.8　天沟施工（图 1-48）

基层清理

涂刷基层处理剂

附加层弹线

附加层铺贴

大面铺贴

图 1-48　天沟施工

1.3.9　同等屋面变形缝施工（图 1-49）

铺贴变形缝附加层铺PE棒

固定变形缝卷材

铺贴变形缝卷材

变形缝完成

图 1-49　同等屋面变形缝施工

二维码1-13 SBS改性沥青防水卷材变形缝施工工艺视频

1.3.10　群管处理（图 1-50）

群管清理

管周围用刚性材料密封

图 1-50　群管处理

二维码1-14 SBS改性沥青防水卷材群管施工工艺视频

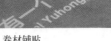
卷材铺贴

群管密封

图 1-50　群管处理（续）

任务 1.4　施工人员安全注意事项

1.4.1　施工安全消防保证措施

1. 施工人员必须佩戴安全帽，穿工作服、劳保鞋（图 1-51）。

2. 正确使用安全带，尤其是在进行墙体防水施工时，必须正确系好安全带，安全带使用必须做到"高挂低用"（图 1-52）。

图 1-51　施工人员劳保用品佩戴

图 1-52　施工人员安全带佩戴

3. 严禁私自拆卸总包单位已搭设好的安全防护设施；遇到"四口、五临边"防护设施不到位的地方，要及时汇报总包单位。

4. 施工人员必须严格遵守各项操作说明，严禁违章作业（图 1-53）。

图 1-53　违章作业示例

5. 施工现场一切用电设施必须安装漏电保护装置，施工用电动工具按操作标准正确使用（图 1-54）。

图 1-54　用电设备安装漏电保护装置

6. 五级风及其以上时停止施工作业，高空施工所用材料要堆放平稳，上下传递物件禁止抛掷（图 1-55）。

7. 施工现场应清除易燃物、材料，并备有足够的灭火器等消防器材，消防道路要畅通（图 1-56）。

图 1-55　高空施工材料堆放平稳，禁止抛掷　　图 1-56　施工现场应清除易燃物、材料

1.4.2　成品保护措施

1. 现场施工验收合格后，要做到"工完场清"，做好保护层（图1-57）。

图1-57　验收合格后防水现场清理完工

2. 操作人员应穿干净软底鞋，施工过程中严禁穿钉鞋踩踏防水层（图1-58）。
3. 侧墙施工完毕后及时做好水泥砂浆保护层，砌筑保护墙并进行回填土（图1-59）。

图1-58　操作人员应穿干净软底鞋　　　图1-59　地下室及时做好成品保护

任务 1.5　常见质量问题及处理方式

1. 卷材短边搭接没错开500mm以上，上下两层卷材没有错开副宽的1/3～1/2，大面卷材未能连续施工时，卷材甩头方法错误（图1-60）。

解决方法：（1）卷材预铺时两个相邻的短边搭接就摆好错开500mm以上；

图 1-60　上下两层卷材没有错开副宽的 1/3～1/2

（2）卷材未能连续施工时，卷材应甩头，相邻的卷材甩头应错开 500mm 并回卷，做好保护（图 1-61）。

图 1-61　相邻的卷材甩头应错开 500mm 并回卷

2. 卷材搭接未能挤出沥青条，存在刮边现象（图 1-62）。

解决方法：所有卷材搭接应用压辊均匀地挤出沥青条。

图 1-62　卷材搭接应用压辊均匀地挤出沥青条

3. 阴阳角裁剪不规范

（1）阴阳角开刀随意（图 1-63）。

图 1-63　阴阳角开刀随意

（2）卷材不平齐（图 1-64）。

图 1-64　卷材不平齐处理

（3）管道处理不正确，顺序做反（图 1-65）。

（4）后浇带铺设方向错误：后浇带的卷材铺设，必需垂直于后浇带方向，不得顺直方

图 1-65　管道处理

向铺贴（图 1-66）。

图 1-66　后浇带处理

（5）导墙甩头错误。

① 永久性保护墙部位的卷材，应垂直于墙体铺设，墙体平面部位的卷材搭接不得热熔或冷粘，以保证侧墙施工时卷材的铺贴；

② 甩头长度建议按永久性保护墙的宽度留置，太长在土建施工时会被破坏或建筑垃圾覆盖，如有两层卷材，第一道卷材平导墙，第二道卷材比第一道卷材长 200mm 为宜，如采用（3+4)mm 卷材，建议 4mm 卷材为第一道（图 1-67）。

图 1-67　卷材导墙处理

（6）卷材空鼓、翘边（图 1-68）。

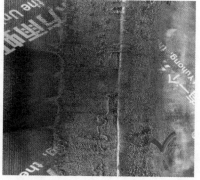

图 1-68　卷材空鼓翘边

（7）永久性保护墙上翻阴阳角做法错误（图1-69）。

图 1-69　永久性保护墙上翻阴阳角做法

附录　经典工程案例

附录 1　广西金融广场

广西金融广场总建筑面积约 22 万 m²，地上 68 层，地下 4 层，建筑高度 325m，是南宁东盟商务区的地标性建筑之一。该项目地下室底板、顶板、屋面、室内泳池等防水工程由东方雨虹精心打造，使用了包括 JS 防水涂料、SBS、耐根穿刺防水卷材等多种产品。

1. 底板防水施工（图 1-70）

图 1-70　底板防水施工

2. 顶板防水施工（图 1-71）

图 1-71　顶板防水施工

附录 2　中信大厦（中国尊）

中国尊位于北京朝阳区 CBD 核心区，总建筑面积 43.7 万 m²，高 528m，地上 108 层、地下 7 层（不含夹层），集甲级写字楼、观光以及多种配套服务功能于一体。中国尊是目前北京最高的建筑，也是首都新地标之一。该项目防水工程由东方雨虹精心打造，应用产品包括 SBS 改性沥青防水卷材、PCC501 水泥基渗透结品、PBC328 非固化橡胶沥青防水涂料等等，防水效果优良。

1. 底板防水施工（图 1-72）

图 1-72　底板防水施工

2. 屋面防水施工（图 1-73）

图 1-73　屋面防水施工

检查与评价

二维码1-15 任务
学习单1参考答案

模块 1 任务学习单 1

项目名称	项目编号	小组号	组长姓名	学生姓名
SBS 防水卷材热熔施工				

<table>
<tr><td rowspan="2">学生自主
任务实施</td><td>
一、单项选择题
1. 粘贴高聚物改性沥青防水卷材使用最多的是(　　)。
　　A. 热粘结剂法　　　B. 热熔法　　　　　C. 冷粘法　　　　　　D. 自粘法
2. 采用热熔法粘贴卷材的工序中不包括(　　)。
　　A. 铺撒热沥青胶　　B. 滚铺卷材　　　　C. 排气辊压　　　　　D. 刮封接口
3. 热熔法施工时，待卷材底面热熔后立即滚铺，并(　　)。
　　A. 采取搭接法铺贴卷材　　　　　　　　　B. 采用胶粘剂粘结卷材与基层
　　C. 喷涂基层处理剂　　　　　　　　　　　D. 进行排气辊压等工序
4. 热熔法铺贴卷材施工时，以下说法不正确的是(　　)。
　　A. 火焰加热器加热卷材应均匀，不得加热不足或烧穿卷材
　　B. 卷材表面热熔后不能立即滚铺
　　C. 铺贴卷材应平整、顺直，搭接尺寸准确，不得有扭曲、皱褶
　　D. 卷材接缝部分应溢出热熔的改性沥青胶料，并粘贴牢固、封闭严密
5. 耐高温的防水卷材是(　　)。
　　A. APP 改性防水卷材　　　　　　　　　　B. SBS 改性防水卷材
　　C. 纸胎沥青油毡　　　　　　　　　　　　D. 三元乙丙高分子防水卷材
6. 哈尔滨某建筑屋面防水卷材选型，最宜选用的高聚物改性沥青防水卷材是(　　)。
　　A. 沥青复合胎柔性防水卷材
　　B. 自粘橡胶改性沥青防水卷材
　　C. 塑性体（APP）改性沥青防水卷材
　　D. 弹性体（SBS）改性沥青防水卷材
7. 铺贴泛水处的卷材(　　)采用满粘法。泛水收头应根据泛水高度和泛水墙体材料确定其密封形式。
　　A. 不应　　　　　　B. 应　　　　　　　C. 不宜　　　　　　　D. 宜
8. (　　)在建筑防水材料的应用中处于主导地位，在建筑防水的措施中起着重要作用。
　　A. 防水涂料　　　　　　　　　　　　　　B. 防水卷材
　　C. 密封材料　　　　　　　　　　　　　　D. 刚性材料
9. SBS 高聚物改性沥青防水卷材(　　)类卷材有防水卷材、再生胶 APP 防水卷材、防水卷材、热熔自粘型防水卷材等。
　　A. 橡塑共混体　　　　　　　　　　　　　B. 合成橡胶类
　　C. 塑性体　　　　　　　　　　　　　　　D. 弹性体
10. 高聚物改性沥青防水卷材屋面保护层施工，采用热熔施工时，环境气温不宜低于(　　)℃。
　　A. 14　　　　　　　B. －12　　　　　　C. －10　　　　　　　D. －15
11. SBS 防水卷材施工前，基层含水率应不高于(　　)。
　　A. 8%　　　　　　　B. 9%　　　　　　　C. 10%　　　　　　　D. 11%
12. 屋面找平层分格缝等部位，宜设置卷材空铺附加层，其空铺宽度不宜小于(　　)。
　　A. 50mm　　　　　　B. 75mm　　　　　　C. 100mm　　　　　　D. 125mm
13. 改性沥青卷材在正常储存运输条件下，贮存期自生产日起为(　　)年。
　　A. 1　　　　　　　　B. 2　　　　　　　　C. 3　　　　　　　　D. 4
</td></tr>
</table>

项目名称	项目编号	小组号	组长姓名	学生姓名
SBS 防水卷材热熔施工				

<table>
<tr><td rowspan="60">学生自主
任务实施</td><td>

14. 弹性体改性沥青防水卷材的细砂粒径不得超过( )的矿物颗粒。
  A. 0.5mm   B. 0.6mm   C. 0.7mm   D. 0.8mm

15. 热熔法施工附加层防水材料一般采用( )mm SBS 卷材，配件采用金属压条和螺钉。
  A. 2   B. 3   C. 4   D. 5

16. 一般基层含水率不超过( )%，阴角部位用水泥砂浆抹半径圆弧 50mm。
  A. 7   B. 8   C. 9   D. 10

</td></tr>
</table>

二、判断对错

1. 厚度小于 3mm 的高聚物改性沥青防水卷材，严禁采用热熔法施工。 (   )

2. 采用自粘法铺贴的卷材应平整顺直，排除卷材下面的空气并滚压粘结牢固。 (   )

3. 弹性体改性沥青防水卷材的细砂粒径不得超过 0.5mm 的矿物颗粒。 (   )

4. SBS 改性沥青防水卷材又可以称弹性体改性沥青防水卷材。 (   )

5. SBS 改性沥青防水涂料具有良好的低温柔性、抗基层开裂性、粘结性。可作冷施工，操作
  方便，可用于各类建筑防水及防腐蚀工程。 (   )

6. 改性沥青密封材料专用于屋面与地下工程接缝的密封。 (   )

7. 热熔法铺贴高聚物改性沥青卷材工艺，是指热铺沥青粘贴卷材的铺贴方法。 (   )

8. 热熔法铺贴卷材，其卷材底面的热熔胶加热程度是关键。加热不足，热熔胶与基层粘贴不牢。(   )

9. 热熔卷材面层常有塑料薄膜层、铝箔层、石屑层，故在搭接弹线宽度内，须加热除去表面
  薄膜或石屑。 (   )

10. 在清理基层、涂刷基层处理剂干燥后，按设计要求在构造节点部位铺贴增强（附加）层
   卷材，然后热熔铺贴大面积防水卷材。 (   )

11. SBS 改性沥青防水卷材是塑性体沥青防水卷材。 (   )

12. 热熔施工容易着火，必须注意安全，施工现场不得有其他明火作业。 (   )

13. 热熔铺贴卷材，展铺法主要适用于条贴法铺贴的卷材。 (   )

14. 在清理基层、涂刷基层处理剂干燥后，按设计要求在构造节点部位铺贴增强（附加）层
   卷材，然后热熔铺贴大面积防水卷材。 (   )

15. 厕浴间防水层应采用涂膜防水层（聚氨酯防水涂膜、氯丁胶乳沥青防水涂膜、SBS 橡胶
   改性沥青防水涂膜等），防水涂膜比传统的一毡二油防水效果好。 (   )

16. 防水工程施工方案可作为防水作业的重要依据，也是防水工程的质量保证。 (   )

三、多项选择题

1. 弹性体改性沥青防水卷材的厚度规格有( )。
  A. 3mm   B. 4mm   C. 5mm   D. 6mm

2. ( )等工法适合 SBS 卷材。
  A. 热熔   B. 机械固定   C. 自粘   D. 湿铺法

3. 高聚物改性沥青卷材包括( )。
  A. 弹性体改性沥青卷材   B. 改性沥青聚乙烯胎防水卷材
  C. 自粘聚合物改性沥青卷材   D. 三元乙丙橡胶防水卷材

4. 弹性体改性沥青防水卷材的隔离材料可为( )。
  A. Q   B. M   C. S   D. PE

5. 聚合物改性沥青防水卷材，常见的有( )。
  A. APP 改性沥青防水卷材   B. 氯化聚乙烯防水卷材
  C. 沥青复合胎柔性防水卷材   D. 聚氯乙烯防水卷材
  E. SBS 改性沥青防水卷材

6. 热熔法施工配套系统材料主要有( )等。
  A. 基层处理剂 BPS-201   B. 基层处理剂 BPS-202
  C. 基层处理剂 BPS-203   D. 改性沥青密封材料 BSR-242

项目名称	项目编号	小组号	组长姓名	学生姓名
SBS 防水卷材热熔施工				

学生自主任务实施	7. 热熔法施工主材选择主要为(　　)。 A. SBS 弹性改性沥青防水卷材 B. 聚合物改性沥青化学耐根穿刺防水卷材 C. APP 改性沥青防水卷材 D. 氯化聚乙烯防水卷材
	四、简答题 1. 热熔法施工工艺是什么? 2. 施工准备工作包括哪些? 3. 热熔改性沥青防水涂料具有哪些特点? 4. 卷材防水屋面附加增强层应采用什么材料?
	五、工程实践 1. 查找热熔法 SBS 改性沥青防水施工专项方案,归纳建筑防水专项方案编写的主要内容。 2. 查找热熔法 SBS 改性沥青防水施工技术交底,归纳建筑防水施工技术交底的主要内容。
完成任务总结(做一个会观察、有想法、会思考、有创新、有工匠精神的学生)	一、学习中存在的问题和解决方案
	二、收获与体会
	三、其他建议

模块 1 任务评价单 1

小组		学号		姓名		日期		成绩	
职业能力评价	分值	自评（10%）		组长评价（20%）			教师综合评价（70%）		
完成任务思路	5								
信息搜集情况	5								
团结合作	10								
练习态度认真	10								
考勤	10								
讲演与答辩	35								
按时完成任务	15								
善于总结学习	10								
合计评分	100								

模块 1 任务学习单 2

项目名称	项目编号	小组号	组长姓名	学生姓名
自粘 SBS 防水卷材施工				

学生自主任务实施	一、单项选择题

一、单项选择题

1. 下列（　　）施工方法是以热熔胶粘剂将卷材与基层相粘的施工方法。
   A. 自粘法　　　　　B. 冷粘法　　　　　C. 热熔法　　　　　D. 热粘法

2. 防水卷材层的施工环境温度自粘法不宜低于（　　）。
   A. −5℃　　　　　B. −10℃　　　　　C. 5℃　　　　　D. 10℃

3. 屋面卷材铺贴采用（　　）时每卷材两边的粘贴宽度不应少于 150mm。
   A. 热熔法　　　　　B. 条粘法　　　　　C. 搭接法　　　　　D. 自粘法

4. （　　）是指卷材与基层仅做条带状粘结的施工法。
   A. 条粘法　　　　　B. 点粘法　　　　　C. 空铺法　　　　　D. 热风焊接法

5. 屋面坡度大于（　　）时，卷材应采取满粘和钉压固定措施。
   A. 20%　　　　　B. 25%　　　　　C. 30%　　　　　D. 35%

6. （　　）合成高分子防水卷材类品种有三元乙丙橡胶防水卷材、氯磺化聚乙烯防水卷材、氯化聚乙烯防水卷材、氯丁橡胶防水卷材等。
   A. 合成橡胶　　　　　B. 合成树脂　　　　　C. 橡塑共混　　　　　D. 弹性体

7. （　　）是生产沥青基防水材料、高聚物改性沥青防水材料的重要材料。
   A. 沥青　　　　　B. SBS　　　　　C. 煤沥青　　　　　D. 木沥青

8. 屋面防水层上放置设施时，设施下部的防水层应增设附加增强层，还应在附加层上浇筑厚度大于（　　）mm 的细石混凝土保护层，附加层应比 100mm 细石混凝土四周宽出。
   A. 20　　　　　B. 50　　　　　C. 40　　　　　D. 100

项目名称	项目编号	小组号	组长姓名	学生姓名
自粘 SBS 防水卷材施工				

<table>
<tr><td rowspan="30">学生自主
任务实施</td><td>

9. 卷材防水屋面基层与突出屋面结构的交接处，以及基层的转角处，均应做成圆弧。当采用合成高分子防水卷材时，圆弧半径应为（　　）mm。

    A. 20   B. 30   C. 40   D. 50

10. 防水卷材屋面，上下层卷材（　　）相互垂直铺贴。

    A. 宜   B. 不宜   C. 应   D. 不得

11. 在屋面防水工程中，高聚物改性沥青防水卷材采用空铺法施工时，短边搭接宽度应为（　　）mm。

    A. 150   B. 70   C. 100   D. 80

12. 在铺贴卷材时，（　　）污染檐口的外侧和墙面。

    A. 不得   B. 不宜   C. 不便   D. 不可

</td></tr>
</table>

<table>
<tr><td>

二、判断对错

1. 合成高分子防水卷材的铺贴方法多采纳冷粘法和自粘法。   （　　）

2. 满粘法是指卷材与卷材的全部面积粘结的施工法。   （　　）

3. 弹性体改性沥青防水卷材下表面隔离材料有 PE、S、M。   （　　）

4. 在屋面的一些节点构造和特殊部位，均应铺设有弹性增强材料的附加层。   （　　）

5. 天沟、檐沟与屋面交接处的附加层宜空铺，空铺宽度不应小于 200mm。   （　　）

6. 涂膜防水层在天沟、檐沟的收头，应用防水涂料多遍涂刷或用密封材料封边收头。（　　）

7. 屋面水平出入口的附加防水层宜空铺或点粘，平面部分宜铺至踏步下，与防水层之间应满粘。（　　）

8. 立面或大坡面铺贴高聚物改性沥青防水卷材时，应采用满粘法，并宜减少短边搭接。（　　）

9. 高聚物改性沥青防水卷材施工，采用自粘法铺贴卷材时，应将自粘胶底面的隔离纸完全撕净。（　　）

10. 高聚物改性沥青防水卷材施工，当采用浅色涂料做保护层时，应待卷材铺贴完成，并经检验合格、清扫干净后涂刷。涂层应与卷材粘结牢固，厚薄均匀，不得漏涂。   （　　）

11. 沥青防水卷材防水层施工完毕，经清理检查后应及时做好面层保护层。当采用热粘贴法保护层时，保护层可选用云母、蛭石等片状材料。   （　　）

12. 底板垫层混凝土平面部位的卷材应采用满粘法铺贴。   （　　）

13. 地下防水工程，当施工条件受到限制时，可采用外防内贴法铺贴卷材防水层，卷材宜先铺平面，后铺立面。铺贴立面时，应先铺转角，后铺大面。   （　　）

14. 屋面工程渗漏部位在应力集中、基层变形较大的部位，先满铺一层卷材条作为加强层，使卷材能适应基层伸缩的变化。   （　　）

</td></tr>
</table>

<table>
<tr><td>

三、多项选择题

1. GB/T 23457—2009 中规定防水卷材施工方式分为（　　）。

    A. 预铺   B. 湿铺   C. 热粘   D. 冷自粘

2. 以下（　　）等工法适合 SBS 卷材。

    A. 热熔   B. 机械固定   C. 自粘   D. 湿铺法

3. 卷材防水层易拉裂部位的施工规范是（　　）。

    A. 卷材防水层易拉裂部位宜采用满粘的施工方法

    B. 卷材防水层易拉裂部位宜采用空铺的施工方法

    C. 卷材防水层易拉裂部位宜采用点粘，条粘的施工方法

    D. 卷材防水层易拉裂部位宜采用机械固定的施工方法

4. 自粘改性沥青防水适用于（　　）。

    A. 地下工程   B. 屋面工程

    C. 水池类工程   D. 主体工程

</td></tr>
</table>

项目名称	项目编号	小组号	组长姓名	学生姓名
自粘 SBS 防水卷材施工				

学生自主 任务实施	5. 自粘湿铺卷材的性能特点有(　　　)。 　A. 抗破坏能力强，具有优异的防水功能 　B. 具有较强蠕变性，对基层的变形适应能力强 　C. 不宜在特别潮湿且不通风的环境中施工 　D. 对基层洁净程度要求高 6. 双面自粘卷材湿铺法施工工艺特别适用于(　　　)的防水工程。 　A. 防水等级较高　　　　　　　B. 施工环境较差 　C. 潮湿　　　　　　　　　　　D. 赶工期 7. 卷材总体铺贴顺序为(　　　)。 　A. 先低跨，后高跨　　　　　　B. 先近后远 　C. 先高跨，后低跨　　　　　　D. 先远后近 8. 预铺反粘法施工工艺在基层处理时要求平整、压光，不得出现(　　　)等缺陷。 　A. 起砂　　　　　　　　　　　B. 掉皮 　C. 酥松　　　　　　　　　　　D. 裂缝 　E. 麻面
	四、简答题 1. 简述自粘 SBS 防水卷材施工流程。 2. 简述湿铺防水卷材施工方法。
	五、工程实践 1. 查找自粘 SBS 防水卷材施工专项方案，归纳建筑防水专项方案编写的主要内容。 2. 查找自粘 SBS 防水卷材施工技术交底，归纳建筑防水施工技术交底的主要内容。

完成任务 总结（做 一个会观 察、有想 法、会思 考、有创 新、有工 匠精神的 学生）	一、学习中存在的问题和解决方案
	二、收获与体会
	三、其他建议

模块 1　任务评价单 2

小组		学号		姓名		日期		成绩	
职业能力评价	分值	自评（10%）		组长评价（20%）			教师综合评价（70%）		
完成任务思路	5								
信息搜集情况	5								
团结合作	10								
练习态度认真	10								
考勤	10								
讲演与答辩	35								
按时完成任务	15								
善于总结学习	10								
合计评分	100								

模块 1　任务学习单 3

项目名称	项目编号	小组号	组长姓名	学生姓名
复合防水卷材施工				

学生自主 任务实施	一、单项选择题 1. 涂膜防水屋面施工，高聚物改性沥青防水涂膜，严禁在雨天、雪天施工，五级风及其以上时不得施工；溶剂型涂料施工环境气温宜为(　　)℃。 　　A. −10~35　　　　B. −5~35　　　　　　C. −20~35　　　　　　D. −15~35 2. 高聚物改性沥青防水涂膜屋面施工，严禁在雨天、雪天施工；五级风及其以上时不得施工；热熔型涂料施工环境气温不宜低于(　　)℃。 　　A. −25　　　　　　B. −15　　　　　　　C. −20　　　　　　　D. −10 3. 合成高分子防水涂膜施工，屋面(　　)应干燥、干净，无孔隙、起砂和裂缝。 　　A. 基层　　　　　　B. 基面　　　　　　C. 基础　　　　　　D. 底层 4. 合成高分子防水涂膜施工，可采用涂刮或喷涂施工。当采用涂刮施工时，每遍涂刮的推进(　　)宜与前一遍相互垂直。 　　A. 方法　　　　　　B. 方向　　　　　　C. 方针　　　　　　D. 原则 5. 合成高分子防水涂膜，严禁在雨天、雪天施工；五级风及其以上时不得施工；溶剂型涂料施工环境气温宜为(　　)℃。 　　A. −15~35　　　　B. −10~35　　　　　C. −5~35　　　　　　D. 0~35 6. 聚合物水泥防水涂膜施工，屋面基层应平整、(　　)，无孔隙、起砂和裂缝。 　　A. 光洁　　　　　　B. 干净　　　　　　C. 粗糙　　　　　　D. 干燥 7. 聚合物水泥防水涂膜施工时，应有(　　)配料、计量，并搅拌均匀，不得混入已固化或结块的涂料。 　　A. 专门　　　　　　B. 专业　　　　　　C. 专人　　　　　　D. 专职 8. 聚合物水泥防水涂膜施工环境气温宜为(　　)℃。 　　A. −15~35　　　　B. −10~35　　　　　C. 0~35　　　　　　D. 5~35
	二、判断对错 1. 由卷材和涂料组合而成的防水层叫复合防水层。　　　　　　　　　　　　　　(　　) 2. 弹性体改性沥青防水卷材下表面隔离材料有 PE、S、M。　　　　　　　　　(　　) 3. 卷材防水层的施工环境温度不宜低于 5℃。　　　　　　　　　　　　　　　(　　)

续表

项目名称	项目编号	小组号	组长姓名	学生姓名
复合防水卷材施工				

学生自主 任务实施	4. 卷材宜平行屋脊铺贴，上下层卷材宜相互垂直铺贴。　　　　　　　　　　　（　　） 5. 严禁在雨天、雪天和五级风及其以上时施工。屋面坡度大于30%时，应采取防滑措施。　（　　） 6. 为了防止合成高分子卷材末端收头处剥落或渗漏，卷材的收头及边缘应用密封膏嵌严。　（　　） 7. 合成高分子防水卷材铺贴粘贴牢固，滚压时，应从后向前移动，做到排气干净。　（　　） 8. 高聚物改性沥青防水涂料，有水乳型和溶剂型，是一种液态或半液态的防水材料。　（　　） 9. 高聚物改性沥青防水涂料施工，基层必须干燥，对于水乳型涂料，可在基层表干后涂布施工。 　　而溶剂型的涂料对基层的含水率要求比水乳型涂料严格，必须在干燥的基层上涂布施工，否 　　则会产生涂膜防水层鼓泡的质量问题。　　　　　　　　　　　　　　　　　　（　　） 10. 高聚物改性沥青防水涂料施工时，在水落口四周与檐沟交接处，应先用密封材料密封处理 　　后，再做有两层胎体增强材料的附加层。　　　　　　　　　　　　　　　　　（　　） 三、多项选择题 1. 高聚物改性沥青卷材包括（　　　）。 　　A. 弹性体改性沥青卷材　　　　　　　　　B. 改性沥青聚乙烯胎防水卷材 　　C. 自粘聚合物改性沥青卷材　　　　　　　D. 三元乙丙橡胶防水卷材 2. 高聚物改性沥青防水卷材主要物理性能包括（　　　）。 　　A. 长度，厚度　　　　　　　　　　　　　B. 拉伸性能 　　C. 可溶物含量，不透水性　　　　　　　　D. 低温柔度，热老化后低温柔度 3. 外露使用的防水层，应选用（　　　）的防水卷材。 　　A. 彩色矿物粒料面防水卷材　　　　　　　B. 矿物粒料面防水卷材 　　C. 细砂面防水卷材　　　　　　　　　　　D. 一般 PE 膜面卷材 　　E. 一般细砂面及 PE 膜面卷材外露施工需打保护层 4. 复合防水层卷材改性沥青类卷材主要有（　　　）。 　　A. 高聚物改性沥青卷材　　　　　　　　　B. 自粘聚合物改性沥青卷材 　　C. 改性沥青聚乙烯胎防水卷材　　　　　　D. 三元乙丙橡胶防水卷材 5. 非固化橡胶沥青防水涂料是由（　　　）组成。 　　A. 优质石油沥青　　　　　　　　　　　　B. 功能性高分子改性剂 　　C. 特种添加剂　　　　　　　　　　　　　D. 普通添加剂 6. 非固化橡胶沥青防水涂料的主要特点有（　　　）。 　　A. 可与基层满粘　　　　　　　　　　　　B. 奇特的自愈性 　　C. 施工方便快捷　　　　　　　　　　　　D. 无毒、无味、无污染 四、简答题 1. 简述复合防水卷材施工流程。 2. 主要施工工具包括哪些？ 3. 非固化橡胶沥青防水涂料的主要特点是什么？ 4. 种植顶板或屋面防水构造施工注意事项？

项目名称		项目编号	小组号	组长姓名	学生姓名
复合防水卷材施工					
学生自主任务实施	五、工程实践 1. 查找复合防水卷材施工专项方案，归纳建筑防水专项方案编写的主要内容。 2. 查找复合防水卷材施工技术交底，归纳建筑防水施工技术交底的主要内容。				
完成任务总结（做一个会观察、有想法、会思考、有创新、有工匠精神的学生）	一、学习中存在的问题和解决方案				
	二、收获与体会				
	三、其他建议				

模块 1 任务评价单 3

小组		学号		姓名		日期		成绩	
职业能力评价	分值	自评（10％）		组长评价（20％）			教师综合评价（70％）		
完成任务思路	5								
信息搜集情况	5								
团结合作	10								
练习态度认真	10								
考勤	10								
讲演与答辩	35								
按时完成任务	15								
善于总结学习	10								
合计评分	100								

Chapter 02

模块 2

高分子自粘胶膜卷材预铺反粘防水系统施工

 学习目标

掌握高分子自粘胶膜防水卷材性能及正确选择防水材料；

掌握高分子自粘胶膜防水卷材施工工艺流程及施工要点；

掌握高分子自粘胶膜防水卷材细部节点施工要点；

理解高分子自粘胶膜防水卷材预铺反粘工作原理；

了解高分子自粘胶膜防水卷材施工方案编制内容；

能够指导高分子自粘胶膜防水卷材及会质量检测与控制；

通过高分子自粘胶膜防水卷材高性能和技术创新型，培养学习者创新精神和永攀科学高峰的意识。

思维导图

```
                        ┌─────────────────┐      ┌──────────────────────┐
                        │                 │─────│ 预铺反粘工作机理        │
                        │ 预铺反粘机理及     │      ├──────────────────────┤
                        │ 高分子自粘胶膜性能  │─────│ 高分子自粘胶膜卷材性能   │
                        │                 │      ├──────────────────────┤
                        │                 │─────│ 高分子自粘卷材胶膜卷材适用 │
                        └─────────────────┘      │ 范围                  │
┌──────────────┐                                └──────────────────────┘
│ 高分子自粘胶膜卷材预│
│ 铺反粘防水系统施工 │                                              ┌──────────────────┐
└──────────────┘                                            │ 地下室底板防水构造 │
                        ┌─────────────────┐  ┌────────────┐  ├──────────────────┤
                        │                 │  │            │──│ 地下室侧墙防水构造 │
                        │ 地下室高分子自粘卷材│──│ 高分子自粘胶膜卷材├──────────────────┤
                        │ 施工             │  │ 地下室防水构造│──│ 地下室顶板防水构造 │
                        └─────────────────┘  └────────────┘  ├──────────────────┤
                                                            │ 地下室防水细部节点构造│
                                                            └──────────────────┘
```

任务情境

防水层的预铺反粘是指采用预铺反粘型防水卷材，工程施工中可以先铺设防水卷材，然后在卷材的表面上浇筑硅酸盐水泥混凝土结构，卷材与后期浇筑、凝固后的混凝土结构形成紧密附着粘结的结合效果。防水层预铺反粘包含两个方面的内容：

一种是可以实现预铺设施工的特殊防水卷材，另一种是预铺反粘施工工法。

高分子自粘胶膜防水卷材及其预铺反粘施工技术，最早在欧美生产和应用，主要应用于建筑地下工程。20世纪90年代引入国内，最先在地铁工程进行示范应用，并逐渐扩展至隧道、工民建地下、核电、管廊等多个领域，得到甲方、设计、总包层面的认可。地下工程预铺反粘防水技术，其中包括高分子自粘胶膜防水卷材即高密度聚乙烯自粘胶膜防水卷材和预铺反粘工法。

任务2.1 预铺反粘机理及高分子自粘胶膜卷材性能

2.1.1 预铺反粘机理

防水层的预铺反粘机理

高密度聚乙烯自粘胶膜防水卷材通过多种功能材料协同复合设计，与后浇混凝土实现完全附着结合，共同形成多道设防复合防水体系。后浇混凝土浇筑于高分子自粘胶膜卷材上面后，混凝土浆液与卷材紧密结合，最终，通过胶层、防粘耐候性颗粒层/涂层共同作用实现卷材整体与后浇混凝土的牢固结合，形成复合防水系统（图2-1）。复合防水层的优越性如下：

（1）防水层受外界作用力时，主体防水卷材可在塑性凝胶层内发生相对位移变形，避免"零延伸断裂"，发挥出主体卷材的高强度、耐穿刺、耐撕裂等性能。

（2）混凝土结构内部发生裂缝（温度裂缝、应力裂缝、结构变形裂缝）时，塑性凝胶层能够塑性位移变形，有效消除结构裂缝的反射损伤。

（3）主体卷材与混凝土结构剥离脱落破坏（极限损伤状态）时，确保剥离破坏面发生在塑性凝胶层内且有一定厚度的凝胶依然附着在混凝土结构表面，确保混凝土表层（维持）具有足够的抗渗性能。

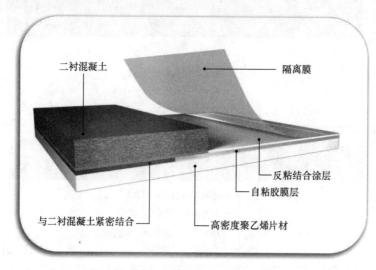

二维码2-1　高分子自粘胶膜防水卷材产品性能

图 2-1　预铺反粘复合防水层构造

2.1.2　高分子自粘胶膜卷材性能

以高密度聚乙烯（HDPE）为主体防水片材，片材表面涂覆一层高分子自粘胶膜层，搭接区以外部分在胶层上覆盖防粘耐候涂层/颗粒层，高分子自粘胶膜层将防粘耐候颗粒层与高密度聚乙烯（HDPE）片材牢固的粘接在一起，表面视需要覆盖涂硅隔离膜，材料构造层次如图 2-2 所示。

目前有 PMH—3040 高分子自粘胶膜防水卷材和 PMH—3080 高分子自粘胶膜防水卷材。胶层厚度不小于 0.25mm，主体材料厚度不小于 0.7mm，全厚度不小于 1.2mm（《预铺防水卷材》GB/T 23457—2017）。高分子自粘胶膜防水卷材主要性能如下：

1. 抗外力破坏、结构变形适应能力强

HDPE 底膜性能优异，更有效的抵抗初衬、基面不平带来的划伤；塑性胶膜层能吸收部分因为外力冲击和混凝土结构变形带来的对片材主体的损伤（如绑扎钢筋时可能出现的物理破坏）；即便卷材受到尖锐凸起物的破坏，破坏处也不会因为应力集中而继续扩大；同时，卷材的断裂伸长率可达 700% 以上；整个防水体系表现结构变形及基础不均匀沉降变形的能力。

2. 持久有效的防窜水性

卷材自粘胶膜层及耐候颗粒层在浇筑混凝土的固化过程中与混凝土发生互锁作用与后浇混凝土产生致密的牢固粘结结构，该结构也可视为一层防水结构，起到二次抗渗作用。

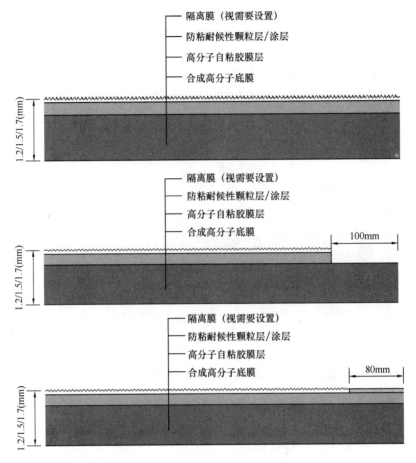

图 2-2　高分子自粘防水材料结构构造

预铺反粘的高密度聚乙烯（HDPE）自粘胶膜防水卷材具有优异的封闭性和自愈性，有效防止窜水现象，卓越的粘结性能，并能长期处于粘弹状态，确保防水层的整体性和耐水性。与混凝土紧密结合防窜水。

3. 优异的环境适应性

HDPE 是世界公认的环保材料，防水卷材具有高抗压、防腐蚀、抗盐溶液和无机酸、碱类、酒精、有机酸脂类等其他类似化学物质，在土壤中不受矿物质和微生物分解影响，是一种高耐久性防水材料，可以做到与建筑结构同寿命。

4. 施工可靠便捷

卷材搭接持久可靠；焊接搭接时受外力破坏时，破坏处均在搭接区域外；冷自粘搭接时破坏复合剪切状态下粘合性要求，母材先发生塑性变形。基面要求低，干净无明水即可，卷材可直接空铺施工，无需附加层。

5. 综合性价比高

卷材铺设完毕后，无需再做保护层，直接绑扎钢筋，浇筑结构混凝土即可；与结构底板满粘接，真正实现了复合防水体系，最大限度地避免了渗漏水及窜水的出现，与传统防水系统等相比降低了维护维修费用；表现出长期的经济性。与传统防水卷材施工工期相比可以节省 1/3。

2.1.3　高分子自粘卷材适用范围（图 2-3、图 2-4）

图 2-3　地下工程底板、外防内贴的结构侧墙

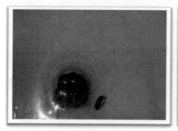

图 2-4　山岭隧道、地铁车站、隧道、洞库等工程防水及市政、电力、输水等地下廊道

任务 2.2　地下室高分子自粘卷材施工

2.2.1　高分子自粘卷材地下室防水构造

1. 高分子自粘卷材地下室底板防水构造

地下室底板防水构造做法采用 1.2mm 厚 HDPE 高分子自粘胶膜防水卷材；防水层做法如图 2-5 所示。

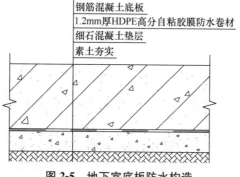

图 2-5　地下室底板防水构造

2. 地下室侧墙防水构造做法

地下室侧墙防水构造做法采用 4mm 厚弹性体 SBS 改性沥青防水；防水层构造做法如图 2-6 所示。

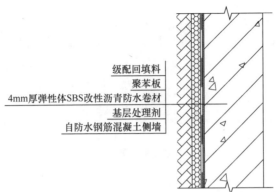

级配回填料
聚苯板
4mm厚弹性体SBS改性沥青防水卷材
基层处理剂
自防水钢筋混凝土侧墙

图 2-6　地下室侧墙防水构造

3. 地下室顶板防水构造做法

地下室车库顶板防水层采 4mm 厚 SBS 耐根穿刺改性沥青防水卷材＋3mm 厚弹性体 SBS 改性沥青防水卷材。地下室车库顶板防水层构造做法如图 2-7 所示。

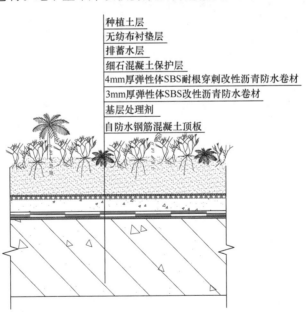

种植土层
无纺布衬垫层
排蓄水层
细石混凝土保护层
4mm厚弹性体SBS耐根穿刺改性沥青防水卷材
3mm厚弹性体SBS改性沥青防水卷材
基层处理剂
自防水钢筋混凝土顶板

图 2-7　地下室顶板构造做法

4. 防水细部节点构造

（1）地下室外挑台肩的结构底板，当底板侧端采用砖胎膜时，防水卷材的甩槎、接槎防水构造做法如图 2-8 所示。

底板施工的防水卷材上端固定在砖砌临时保护墙上，待侧墙结构完成后，拆除临时保护墙，底板卷材与侧墙的防水层进行搭接；弹性体 SBS 改性沥青防水卷材与双面自粘沥青

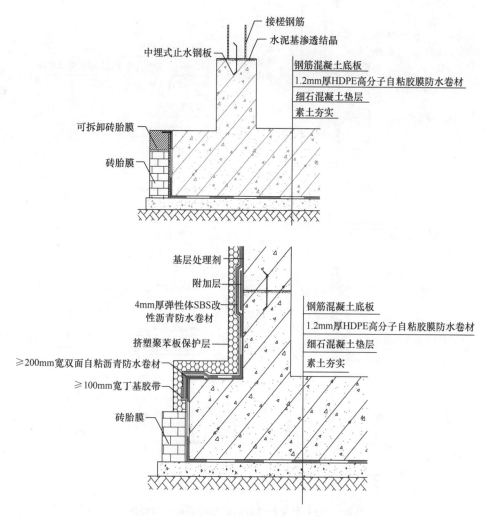

图 2-8 地下室外挑台肩的结构底板构造做法

搭接时，需热熔卷材表面 PE 膜后再粘贴；底板预铺卷材上返后边缘收口处宜压条固定、密封处理。

（2）地下室无外挑台肩的结构底板，当底板侧端采用砖胎膜时，防水卷材的甩槎、接槎防水构造做法如图 2-9 所示。

底板施工的防水卷材上端固定在砖砌临时保护墙上，待侧墙结构完成后，拆除临时保护墙，底板卷材与侧墙的防水层进行搭接。弹性体 SBS 改性沥青防水卷材与双面自粘沥青搭接时，需热熔卷材表面 PE 膜后再粘贴。底板预铺卷材上返后边缘收口处宜压条固定、密封处理。

（3）地下室底板桩头防水做法（图 2-10）。

灌注桩等现场浇筑桩，经破桩截桩后，桩头侧面一般不太规整，宜采用防水砂浆进行抹面修复处理。桩头顶面、侧面及桩边 150mm 的混凝土垫层面，宜选用水泥基渗透结晶型防水涂料防水，厚度不应少于 1.0mm，用量不应少于 $1.5 kg/m^2$。当桩头侧面较为平整，防水卷材切边与桩头间距应小于 20mm，卷材与桩头的衔接部位宜采用密封胶（膏）

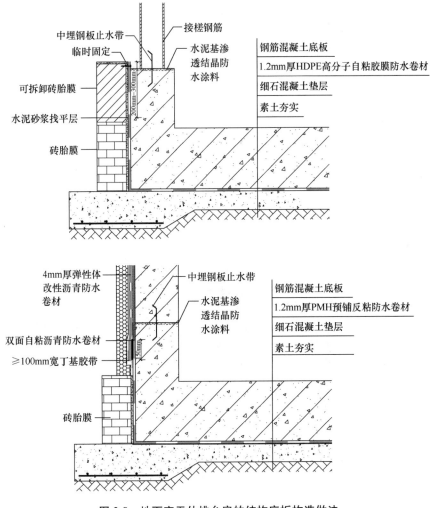

图 2-9　地下室无外挑台肩的结构底板构造做法

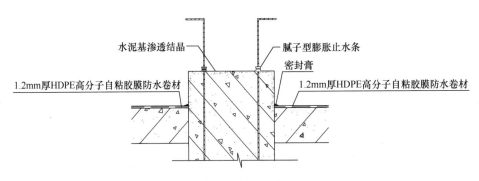

图 2-10　地下室底板桩头构造做法

密封。桩筋的根部宜采用遇水膨胀密封胶（条）进行防水处理，遇水膨胀密封胶（条）的宽度宜为 10mm。

（4）地下室抗浮锚杆部位防水做法（图 2-11）。

混凝土表面应平整密实，缺陷部位应进行修补。露出混凝土垫层的锚杆体表面，以抗

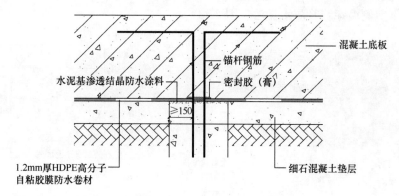

图 2-11　地下室抗浮锚杆部位防水构造做法

拔锚杆为圆心外扩 150mm 做水泥基渗透结晶防水涂料，厚度不应少于 1.0mm，用量不应少于 1.5kg/m²。防水卷材宜裁切到抗拔锚杆根部，卷材与抗拔锚杆的衔接部位宜采用密封胶（膏）密封。

（5）地下室底板反梁/基坑处防水做法（图 2-12）。

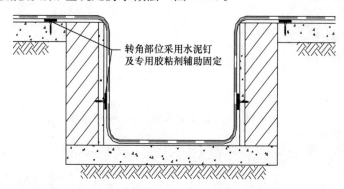

图 2-12　地下室底板反梁/基坑处防水构造做法

转角部位采用水泥钉及专用胶粘剂辅助固定根据现场反梁/基坑侧面、立面铺设需求而定。

（6）地下室底板后浇带防水做法（图 2-13）。

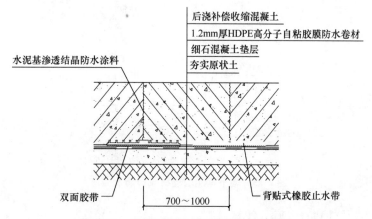

图 2-13　地下室底板后浇带防水构造做法

（7）地下室侧墙穿墙管防水做法（图 2-14）。

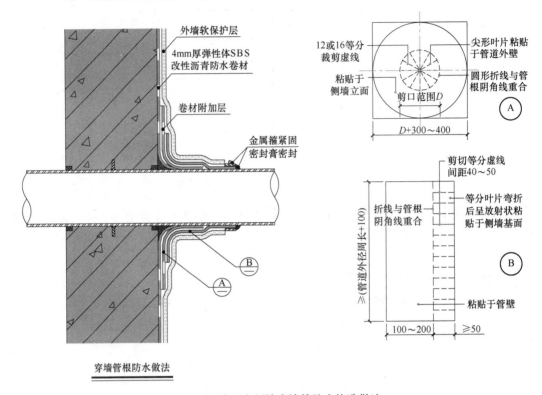

图 2-14　地下室侧墙穿墙管防水构造做法

（8）地下室侧墙卷材收口防水做法（图 2-15）。

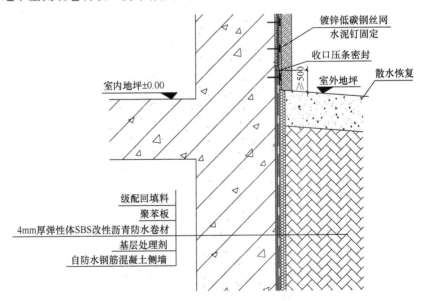

图 2-15　地下室侧墙卷材收口防水做法

（9）种植顶板立墙防水做法（图 2-16）。

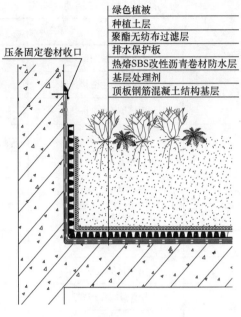

绿色植被
种植土层
聚酯无纺布过滤层
排水保护板
热熔SBS改性沥青卷材防水层
基层处理剂
顶板钢筋混凝土结构基层

压条固定卷材收口

图 2-16 种植顶板立墙防水做法

2.2.2 高分子自粘卷材施工

1. 高分子自粘卷材施工流程

1.2mm 厚 HDPE 高分子自粘胶膜防水卷材施工流程如下：

施工准备→基层清理→铺设 1.2mm 厚 HDPE 高分子自粘胶膜防水卷材（自粘胶膜面朝向结构）→卷材搭接→卷材修补→自检、验收→成品保护→绑扎钢筋，浇筑混凝土。

二维码2-2 高分子
自粘胶膜防水卷材
施工工艺视频

2. 高分子自粘卷材操作要点

（1）施工准备

1）材料准备

① 防水主材：1.2mm 厚 HDPE 高分子自粘胶膜防水卷材，如图 2-17 所示。

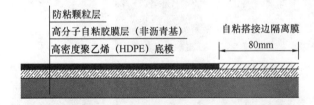

防粘颗粒层
高分子自粘胶膜层（非沥青基）
高密度聚乙烯（HDPE）底模
自粘搭接边隔离膜
80mm

图 2-17 1.2mm 厚 HDPE 高分子自粘胶膜防水卷材

本产品以合成高分子片材为底膜，单面覆高分子自粘胶膜层，胶膜层表面覆防粘颗粒层，用于预铺反粘法施工的防水卷材。

② 防水辅材（表 2-1、图 2-18）。

高分子自粘防水卷材施工辅助材料表　　　　　表 2-1

产品编号	名称	用途	规格
1	高分子双面胶带	短边搭接及细部处理	80mm 宽，50m/卷
2		密封补强，衔接过渡	100mm/150mm 宽，40m/卷
3		搭接边短边对拼粘接	160mm 宽，20m/卷
4		密封补强	80mm 宽，15m/卷
5	涂层盖口条	焊接带覆盖，密封补强	120mm 宽，50m/卷
6	覆砂面盖口条	焊接带覆盖，密封补强	120mm 宽，15m/卷
7	塑料垫片	卷材固定、挂铺	直径 75mm，10g/个
8	丝网垫片	卷材挂铺	直径 65mm，10g/个
9	圆铁垫片	辅助固定垫片	—
10	射钉	固定垫片/穿透式固定	直径 37mm
11	土工布	衬垫/束水引流	≥350g/m²
12	压条	收口固定	2m/根
13		密封收口/节点处理	600mL/袋
14		桩头钢筋处理	20mm×30mm
15	HDPE 焊绳	密封补强/节点处理	400m/卷

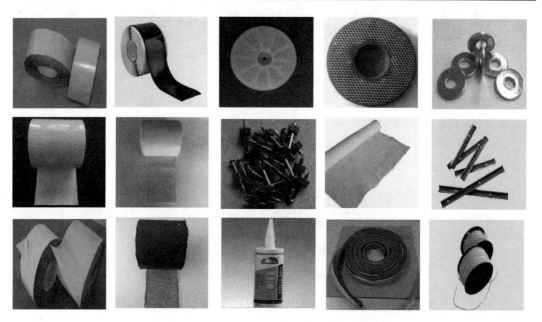

图 2-18　高分子自粘防水卷材施工辅助材料

2）工机具准备（表 2-2、图 2-19）

工机具一览表　　　　　　　　　　　　　　　　　　　表 2-2

产品编号	名称	用途
1	自动爬行焊机	PMH 系列预铺产品长短边焊接
2	挤出式焊机	高分子自粘产品搭接边密封补强
3	电磁焊接机	山岭/区间隧道等卷材挂铺固定
4		用于垫片与卷材焊接以及细部搭接边处理等
5		卷材裁切
6		基面处理、明钉固定
7		卷材裁切
8		弹线规划
9		卷材搭接压实
10		卷材搭接压实
11	射钉枪	垫片固定
12		尺寸量测
13	鼓风机	基面清理
14	小平铲	密封部位处理
15	电锤	基层打孔，压条收口

图 2-19　高分子自粘防水卷材工机具

3）基面准备（图 2-20）

① 基面应干净、无杂物、尖锐突出物，如不符合要求应用水泥砂浆找平。

② 基面应无明水，但允许基面潮湿。施工面若存在明水，需提前进行堵漏或引排水处理。

③ 阴阳角可做成 90°直角，要求顺直。

图 2-20　基面现场准备

④ 如有预埋管件按设计及规范要求事先预埋，并做好密封处理。

⑤ 基面已办理验收、工作面移交手续。

（2）基层清理（图 2-21）

将杂物清理干净，基层若有尖锐凸起物需处理平整，若有表面明水扫除即可施工。

图 2-21　基层清理

（3）铺设 HDPE 高分子自粘胶膜防水卷材（图 2-22）

预铺卷材　　　　　　　　　　　　　大面积铺设

图 2-22　铺设 HDPE 高分子自粘胶膜防水卷材

1）铺设第一幅预铺反粘卷材时，先将卷材定位空铺在基面上，且卷材底膜（HDPE）朝向基层，细心校正卷材位置。第二幅卷在长边方向与第一幅卷材的搭接按照搭接指导线进行，搭接宽度不小于 80mm。但不能超过搭接指导线；搭接时掀开卷材搭接处的隔离膜，保证搭接处干净、干燥没有灰尘，用压辊压实卷材搭接边，挤出搭接边气泡，紧密压实粘牢。

2）卷材立面固定

措施一：揭除高分子双面自粘胶带表面隔离膜，直接将胶带粘贴在基面上，再揭除胶带，令一面隔离膜粘结卷材，该做法适用于基面干燥的情况。

措施二：通过水泥钉将胶带固定于基面上，再揭除胶带，令一面隔离膜粘结卷材。该做法适用于基面较潮湿的情况。

（4）卷材搭接

1）长边粘结搭接

1.2mm 厚 HDPE 高分子自粘胶膜防水卷材长边预留 80mm 宽范围，只涂布自粘胶膜层，上覆涂硅隔离膜作为自粘搭接边，将材料长边对准后可撕去隔离膜进行粘接搭接。具体构造形式如图 2-23 所示。

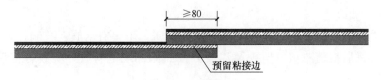

图 2-23　长边粘结搭接构造

2）短边对拼粘结

采用对拼粘接胶带将相邻两幅材料短边齐头粘接一起形成完整连续防水层，胶带宽度为 160mm，具体构造形式如图 2-24 所示。

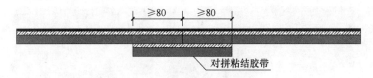

图 2-24　短边对拼粘结构造

3）T 形搭接

1.2mm 厚 HDPE 高分子自粘胶膜防水卷材搭接不允许出现十字搭接缝，短边搭接宜错开 1/3～1/2 幅宽。当多幅卷材短边齐缝铺贴时，允许卷材长边与之横向搭接，形成 T 形接缝。T 形接缝处采用单面自粘胶带（盖口条）裁剪直径 80mm 左右的圆做加强密封处理，具体构造形式如图 2-25 所示。

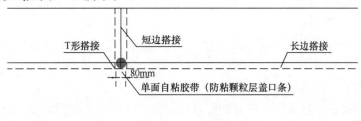

图 2-25　T 形搭接构造

（5）卷材修补

已经施工完毕的卷材防水层，若在后道工序中检查出防水层上有破损之处，必须立即用黑色记号笔做出明显标记，以便随后修补。1.2mm 厚 HDPE 高分子自粘胶膜防水卷材上的任何穿透性破损点处，在支立模板、浇筑混凝土前必须得到妥善的修补。采用单面自粘胶带（防粘颗粒层盖口条）粘贴在破损处。修补完成后应对修补质量进行仔细检查，确保卷材的修补质量。修补如图 2-26 所示。

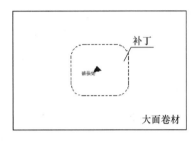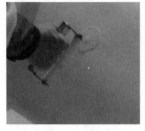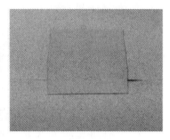

图 2-26　卷材修补

（6）自检、验收

1）卷材之间的搭接缝，应压实粘牢、封闭严密，不得有褶皱、孔洞、翘边等缺陷。

2）自检合格后报请总包、监理及建设方按照国标规范验收，验收合格后及时进行后续工序的施工。

（7）成品保护

1）操作人员应穿干净软底鞋，施工过程中严禁穿钉鞋踩踏防水层。

2）卷材铺贴完毕后向下吊运钢筋时，钢筋下应放置垫木，避免钢筋直接在卷材上拖拽造成机械损伤，如图 2-27 所示。

图 2-27　吊运钢筋时，钢筋下应放置垫木

3）局部钢筋需要焊接施工时，可在下方铺垫防水棉、土工布和洒水，避免防水层被焊渣烫穿，如图 2-28 所示。

4）防水层分段施工时，每段防水层甩槎必须做临时防护，保持卷材表面干净及良好的铺贴状态。

（8）绑扎钢筋、浇筑混凝土

污染的卷材提前进行清洁，卷材铺好以后应在 15d 以内浇筑混凝土，浇筑过程小心振捣，避免防水材料破损，如图 2-29 所示。

图 2-28　局部钢筋焊接施工下方铺垫防水棉、土工布和洒水

图 2-29　绑扎钢筋、浇筑混凝土

3. 高分子自粘卷材细部节点施工

（1）桩头处理

桩头预铺反粘节点构造如图 2-30 所示。

桩头在水泥基渗透结晶干燥后铺设卷材，桩头干燥涂刷密封膏，桩头处理如图 2-31 所示。

二维码2-3 高分子
自粘胶膜防水卷材
桩头施工工艺视频

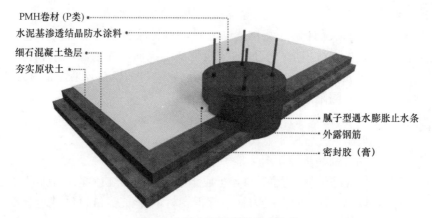

PMH卷材（P类）
水泥基渗透结晶防水涂料
细石混凝土垫层
夯实原状土

腻子型遇水膨胀止水条
外露钢筋
密封胶（膏）

图 2-30　桩头预铺反粘节点构造

涂刷渗透结晶

铺设卷材

涂刷密封膏

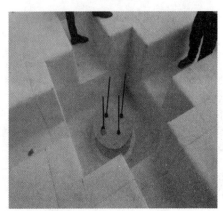
卷材细部处理

图 2-31 桩头处理

二维码2-4 高分子
自粘胶膜防水卷材
承台施工工艺视频

（2）承台处理

在潮湿面作业时，基面应平整坚固、无明显积水。卷材长边应自粘边搭接，短边应采用胶粘带搭接，卷材端部搭接区应相互错开。立面施工时，在自粘边位置距离卷材边缘 10～20mm 内，每隔 400～600mm 进行机械固定，并应保证固定位置被卷材完全覆盖。转角部位采用水泥钉及胶粘带辅助固定，根据现场反梁/基坑侧面、立面铺设需求而定。通过水泥钉将搭接边处卷材或胶粘带固定于基面上，再揭除隔离膜粘结卷材，如图 2-32 所示。

铺贴时应根据项目情况计划好卷材铺贴方式，尽量减少承台底部防水卷材裁剪和搭接，减少辅料用量。承台结构混凝土浇筑前应先清除积水和污泥（若有），避免形成隔离层影响后浇混凝土与防水卷材的反粘效果，如图 2-33 所示。

二维码2-5 高分子
自粘胶膜防水卷材
阴角施工工艺视频

（3）阴阳角处理

1）阴角处理

卷材阴角铺贴示意图如图 2-34 所示。

阴角铺贴步骤如图 2-35 所示，主要为：

① 根据阴角尺寸下料，折成十字线，圆中红色部分用剪刀剪开。

② 折成立体，以 A、B 之间折线为轴，弯折卷材，并将 C 和 D 区域重叠部分沿红线裁掉。

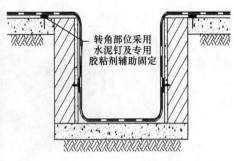

转角部位采用
水泥钉及专用
胶粘剂辅助固定

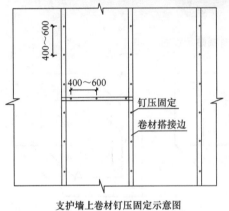

400～600

400～600

钉压固定

卷材搭接边

支护墙上卷材钉压固定示意图

图 2-32　承台卷材铺设

图 2-33　减少卷材搭接及积水及时清理

③ 用对拼粘结胶带将 C 和 D 齐头粘结一起，两边各搭接 80mm。最后采用单面自粘胶带（防粘颗粒层盖口条）裁剪成直径 30mm 左右圆形状，粘贴在阴角部位（红色圆点）。

阴角的制作过程如图 2-36 所示。

2）阳角处理

卷材阳角铺贴示意图如图 2-37 所示。

二维码2-6 高分子
自粘胶膜防水卷材
阳角施工工艺视频

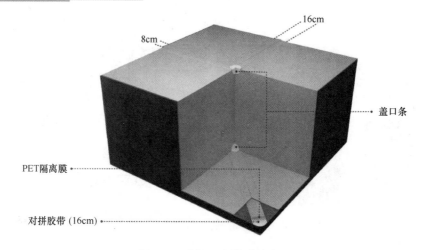

图 2-34 卷材阴角铺贴示意图

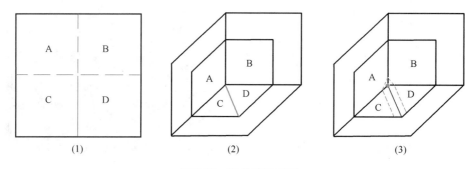

图 2-35 阴角铺贴步骤

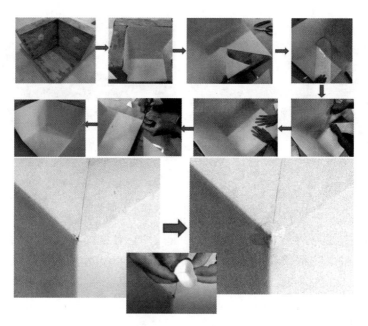

图 2-36 阴角制作过程

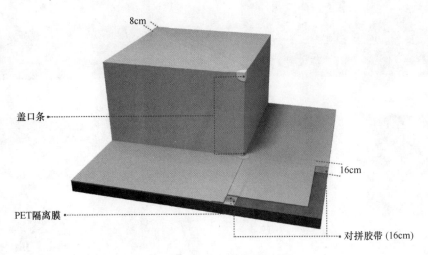

图 2-37　卷材阳角铺贴示意

阳角铺贴步骤如图 2-38 所示，主要为：

① 根据阳角尺寸 V 料，折成十字线，圆中红色部分用剪刀剪开。

② 将第一块折起立体形式，以 A、B 之间折线为轴，弯折卷材根据 E 块尺寸裁剪第二块材料。

③ 用对拼粘结胶带将 E 处分别和 C、D 齐头粘结一起，两边各搭接 80mm，最后采用单面自粘胶带（防粘颗粒层盖口条）裁剪成直径 30mm 左右圆形状，粘贴在阳角部位（蓝色圆点）。

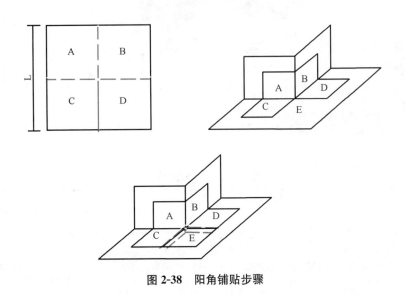

图 2-38　阳角铺贴步骤

阳角的制作过程如图 2-39 所示。

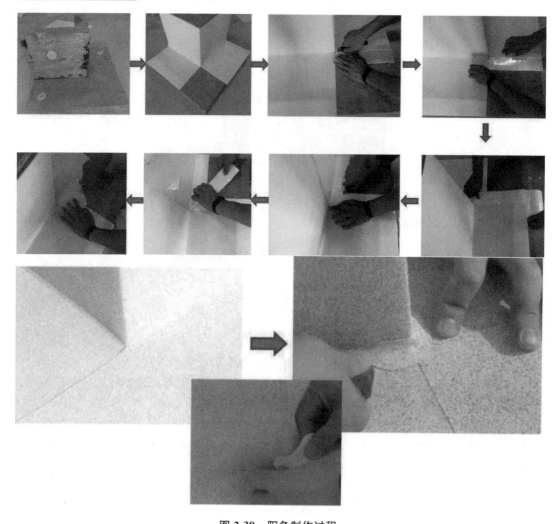

图 2-39 阳角制作过程

二维码2-7 高分子
自粘防水卷材施工
任务单参考答案

检查与评价

模块 2 任务学习单

项目名称	项目编号	小组号	组长姓名	学生姓名
高分子自粘卷材施工				

学生自主任务实施	一、单项选择题 1. 灌注桩等现场浇筑桩，经破桩截桩后，桩头侧面一般不太规整，宜采用（　　）进行抹面修复处理。 　A. 防水砂浆　　　　　B. 水泥砂浆　　　　　C. 混合砂浆　　　　　D. 石灰砂浆 2. 桩筋的根部宜采用（　　）进行防水处理，宽度宜为 10mm。 　A. 聚氨酯密封胶（条）　　　　　　　　B. 遇水膨胀密封胶（条） 　C. 硅酮结构密封胶（条）　　　　　　　　D. 防水密封胶（条）

项目名称	项目编号	小组号	组长姓名	学生姓名
高分子自粘卷材施工				

| 学生自主
任务实施 | 3. 污染的卷材提前进行清洁，卷材铺好以后应在（　　）d 以内浇筑混凝土，浇筑过程小心振捣，避免防水材料破损。
　　A. 12　　　　　　　　B. 14　　　　　　　　C. 15　　　　　　　　D. 16
4. 承台立面防水卷材施工时，在自粘边位置距离卷材边缘 10～20mm 内，每隔（　　）进行机械固定，并应保证固定位置被卷材完全覆盖。
　　A. 300～400mm　　　　　　　　　　　B. 400～500mm
　　C. 400～600mm　　　　　　　　　　　D. 500～600mm
5. 1.2mm 厚 HDPE 高分子自粘胶膜防水卷材搭接不允许出现十字搭接缝，短边搭接宜错开（　　）幅宽。
　　A. 1/5～1/4　　　　　　　　　　　　B. 1/4～1/3
　　C. 1/3～2/3　　　　　　　　　　　　D. 1/3～1/2
6. HDPE 高密度聚乙烯自粘胶膜防水卷材一级设防的最小厚度为（　　）。
　　A. 1mm　　　　　　B. 1.1mm　　　　　　C. 1.2mm　　　　　　D. 1.3mm
7. HDPE 高分子自粘胶膜预铺防水卷材采用的对拼胶带宽度是（　　）。
　　A. 140mm　　　　　B. 150mm　　　　　　C. 160mm　　　　　　D. 170mm
8. 高分子自粘胶膜（HDPE）防水卷材在正常运输、贮存条件下贮存期至少为（　　）。
　　A. 180d　　　　　　B. 半年　　　　　　C. 一年　　　　　　　D. 一年半
9. HDPE 防水卷材的垫片与卷材采取（　　）法固定连接。
　　A. 热熔　　　　　　B. 热风　　　　　　C. 自粘　　　　　　　D. 机械固定
10. HDPE 土工膜根据材料外观分类分为（　　）。
　　A. HDPE 光面土工膜、HDPE 单糙面土工膜
　　B. HDPE 单糙面土工膜、HDPE 双糙面土工膜
　　C. HDPE 光面土工膜、HDPE 双糙面土工膜
　　D. HDPE 光面土工膜、HDPE 单糙面土工膜、HDPE 双糙面土工膜
11. 预铺反粘防水卷材（HDPE）由（　　）复合而成。
　　A. 由一层合成高分子薄膜、一层塑性凝胶状缓冲结合层、一层反粘结合层
　　B. 由一层合成高分子薄膜、一层无纺布加强层、一层反粘结合层
　　C. 由一层合成高分子薄膜、一层塑性反粘结合层组成
　　D. 由一层合成高分子薄膜、一层改性沥青防水
12. HDPE 产品具有优异的力学性能，其中不包括（　　）。
　　A. 拉伸强度高　　　　　　　　　　　B. 抗穿刺性能好
　　C. 屈服强度高　　　　　　　　　　　D. 抗冲击性能好
13. HDPE 卷材与桩头根部需进行处理，处理方式为（　　）。
　　A. 涂刷双组分聚氨酯　　　　　　　　B. 涂刷单组分聚氨酯
　　C. 涂刷聚氨酯密封胶　　　　　　　　D. 涂刷氯丁胶
14. 地下室底板防水构造（采用 HDPE 高分子自粘胶膜防水卷材）如下，其顺序为（　　）。
　　A. ①钢筋混凝土底板 ②HDPE 高分子自粘胶膜防水卷材 ③细石混凝土垫层 ④素土夯实
　　B. ①钢筋混凝土底板 ②细石混凝土垫层 ③HDPE 高分子自粘胶膜防水卷材 ④素土夯实
　　C. ①素土夯实 ②HDPE 高分子自粘胶膜防水卷材 ③细石混凝土垫层 ④钢筋混凝土底板
　　D. ①素土夯实 ②细石混凝土垫层 ③HDPE 高分子自粘胶膜防水卷材 ④钢筋混凝土底板
15. HDPE 预铺反粘型卷材在施工完成后能与后浇混凝土形成永久结合，从而有效地（　　）。
　　A. 防止脱落　　　　　　　　　　　　B. 防止位置发生偏移
　　C. 防止窜水　　　　　　　　　　　　D. 防止渗漏
16. HDPE 防水卷材的中文全称是（　　）。
　　A. 高密度聚乙烯自粘胶膜防水卷材　　B. 热塑性聚烯烃防水卷材
　　C. 高分子防水卷材　　　　　　　　　D. 自粘胶膜防水卷材
17. HDPE 高分子自粘胶膜防水卷材遵循的规范是（　　）。
　　A. GB 27789—2011　　　　　　　　　B. GB 12952—2011
　　C. GB/T 23457—2017　　　　　　　　D. GB/T 23457—2009 |

项目名称	项目编号	小组号	组长姓名	学生姓名
高分子自粘卷材施工				

学生自主 任务实施	18. 底板防水施工采用 1.2 厚（HDPE）自粘胶膜防水卷材时，采用（　　）。 　　A. 湿铺　　　　　　B. 空铺　　　　　　C. 热熔　　　　　　D. 喷涂 19. HDPE 高分子卷材应用常用领域不包括（　　）。 　　A. 隧道　　　　　　B. 住宅地下　　　　C. 住宅屋面　　　　D. 综合管廊 20. 以下关于自粘型 HDPE 的描述中，错误的是（　　）。 　　A. 可与 JS 防水涂料复合使用 　　B. 可与聚氨酯防水涂料复合使用 　　C. 可直接贴合于混凝土侧墙，粘接力强 　　D. 搭接边一般采用自粘粘结

<table>
<tr><td rowspan="19">学生自主
任务实施</td><td colspan="2">二、判断对错</td></tr>
<tr><td>1. HDPE 类防水卷材按施工方法分为满粘和预铺反粘。</td><td>（　　）</td></tr>
<tr><td>2. 混凝土结构内部发生裂缝（温度裂缝、应力裂缝、结构变形裂缝）时，塑性凝胶层能够塑
性位移变形，有效消除结构裂缝的反射损伤。</td><td>（　　）</td></tr>
<tr><td>3. HDPE 底膜层能吸收部分因为外力冲击和混凝土结构变形带来的对片材主体的损伤。</td><td>（　　）</td></tr>
<tr><td>4. 地下室底板防水构造做法 4mm 厚弹性体 SBS 改性沥青防水。</td><td>（　　）</td></tr>
<tr><td>5. 底板施工的防水卷材上端固定在砖砌临时保护墙上，便可拆除临时保护墙，底板卷材与侧墙的
防水层进行搭接。</td><td>（　　）</td></tr>
<tr><td>6. 弹性体 SBS 改性沥青防水卷材与双面自粘沥青搭接时，需热熔卷材表面 PE 膜后再粘贴。</td><td>（　　）</td></tr>
<tr><td>7. 铺设第一幅预铺反粘卷材时，先将卷材定位实铺在基面上，且卷材底膜（HDPE）朝向基层，
细心校正卷材位置。</td><td>（　　）</td></tr>
<tr><td>8. 采用对拼粘接胶带将相邻两幅材料长边齐头粘接一起形成完整连续防水层，胶带宽度为 160mm。</td><td>（　　）</td></tr>
<tr><td>9. HDPE 类防水卷材按施工方法分为满粘和预铺反粘。</td><td>（　　）</td></tr>
<tr><td>10. HDPE 预铺反粘型卷材，在施工前需要进行实地勘察，如发现基层表面无明水、无渗流，
但是存在明显水渍，也可进行正常施工。</td><td>（　　）</td></tr>
<tr><td>11. SAM920 无胎自粘聚合物改性沥青防水卷材覆面材料可以为 PET 和 HDPE 膜。</td><td>（　　）</td></tr>
<tr><td>12. HDPE 卷材施工中，不动用明火，无需施工附加层，但需要涂刷挥发性溶剂底涂，以保证
与混凝土充分粘接。</td><td>（　　）</td></tr>
<tr><td>13. HDPE 预铺反粘型卷材，在施工前需要进行实地勘察，当基层表面有明水时需采取临时
排水措施保障卷材搭接施工过程中无明水。</td><td>（　　）</td></tr>
<tr><td>14. "融合防水系统"是凯伦地下室的主推防水系统，主要产品为预铺反粘 HDPE、非固化复合
体系。</td><td>（　　）</td></tr>
<tr><td>15. 地下室底板采用 HDPE 预铺反粘工法的时候可不做附加层。</td><td>（　　）</td></tr>
<tr><td>16. HDPE 高分子自粘胶膜防水卷材在底板部位单层设计即可满足一级防水设防。</td><td>（　　）</td></tr>
<tr><td>17. 高密度聚乙烯自粘胶膜（HDPE）防水卷材搭接施工可以出现十字搭接。</td><td>（　　）</td></tr>
<tr><td>18. 热熔胶与 HDPE 片材之间：粘接基于吸附理论和化学键理论，粘接强度主要来自于热熔
胶与 HDPE 片材表面的浸润效果。</td><td>（　　）</td></tr>
</table>

学生自主 任务实施	三、多项选择题 1. 铺设 HDPE 高分子自粘胶膜防水卷材，第一幅预铺反粘卷材时，先将卷材定位空铺在基面上，第二 幅卷在（　　）边方向与第一幅卷材的搭接按照搭接指导线进行，搭接宽度不小于（　　）。 　　A. 长　　　　　　　B. 80mm　　　　　　C. 短　　　　　　　D. 50mm

项目名称	项目编号	小组号	组长姓名	学生姓名
高分子自粘卷材施工				

<table>
<tr><td rowspan="1">学生自主
任务实施</td><td>

2. 承台潮湿面作业时，基面应平整坚固、无明显积水。卷材长边应（　　）搭接，短边应采用（　　）搭接，卷材端部搭接区应相互错开。

　　A. 垂直　　　　　　　　B. 平行　　　　　　　　C. 自粘边　　　　　　　D. 胶粘带

3. HDPE 高密度聚乙烯自粘胶膜防水卷材按搭接形式不同，长边可分为（　　）。

　　A. 自粘边　　　　　　B. 满粘法　　　　　　　C. 焊接边　　　　　　　D. 空铺法

4. HDPE 自粘胶膜防水卷材 4 层结构包括（　　）。

　　A. HDPE 层　　　　　　　　　　　　B. PET 隔离层

　　C. 高分子自粘胶层　　　　　　　　　D. 砂砾涂层

　　E. 颗粒涂层　　　　　　　　　　　　F. 反粘保护涂层

5. HDPE 常规产品宽幅有（　　）。

　　A. 1.2　　　　　　　B. 2.0　　　　　　　C. 2.4　　　　　　　D. 3.0

6. HDPE 防水卷材在地下室底板预铺施工时（房建项目），可能用到的辅材有（　　）。

　　A. 钢钉　　　　　　　　　　　　B. 带砂面盖口条

　　C. 对拼胶带　　　　　　　　　　D. 封口密封胶

7. 地下室底板采用 HDPE 预铺反粘工法避免塔式起重机吊运钢筋时对防水卷材的破坏方法有（　　）。

　　A. 钢筋下垫模板　　　　　　　　B. 钢筋下垫方木

　　C. 钢筋下洒水　　　　　　　　　D. 材料抗冲击性能好不用做保护

8. HDPE 高密度聚乙烯自粘胶膜防水卷材预铺反粘辅材有（　　）。

　　A. 专用密封膏　　　　　　　　　B. 对拼粘结胶带

　　C. 高分子双面胶带　　　　　　　D. 面自粘胶带（防粘颗粒层盖口条）

　　E. 丁基密封胶带

9. 高分子车间 1.2m HDPE 生产线包括的岗位有（　　）。

　　A. 配料岗位　　　　　　　　　　B. 主机岗位

　　C. 面胶岗位　　　　　　　　　　D. 覆膜岗位

　　E. 放卷岗位　　　　　　　　　　F. 收卷岗位

10. HDPE 常规搭接边宽度，胶粘边和焊接边分别是（　　）cm。

　　A. 6　　　　　　　B. 8　　　　　　　C. 10　　　　　　　D. 12

</td></tr>
<tr><td colspan="1">

四、简答题

1. 防水层的预铺反粘机理是什么？

2. 高分子自粘胶膜防水卷材主要性能有哪些？

3. 地下室底板反梁处防水做法是什么？

4. 简述高分子自粘胶膜防水卷材施工工艺。

</td></tr>
</table>

项目名称	项目编号	小组号	组长姓名	学生姓名
高分子自粘卷材施工				

<table>
<tr>
<td rowspan="6">学生自主
任务实施</td>
<td>5. 高分子自粘卷材基面准备处理包括哪些步骤？</td>
</tr>
<tr>
<td>6. 卷材阴角铺贴步骤主要有哪些？</td>
</tr>
<tr>
<td>7. 卷材阳角铺贴步骤主要有哪些？</td>
</tr>
<tr>
<td>8. 简述地下室 HDPE 产品优势？施工、防水等级、基层要求。</td>
</tr>
<tr>
<td>9. HDPE 高密度聚乙烯膜防水卷材相比于沥青卷材的使用优势有哪些？</td>
</tr>
<tr>
<td>10. 简述 HDPE 预铺反粘的防窜水机理。</td>
</tr>
<tr>
<td></td>
<td>五、工程实践
查找高分子自粘卷材防水施工专项方案，掌握高分子自粘防水专项方案编制的主要内容。</td>
</tr>
<tr>
<td rowspan="3">完成任务
总结（做
一个会观
察、有想
法、会思
考、有创
新、有工
匠精神的
学生）</td>
<td>一、学习中存在的问题和解决方案</td>
</tr>
<tr>
<td>二、收获与体会</td>
</tr>
<tr>
<td>三、其他建议</td>
</tr>
</table>

模块 2　任务评价单

小组		学号		姓名		日期		成绩	
职业能力评价	分值	自评（10%）		组长评价（20%）			教师综合评价（70%）		
完成任务思路	5								
信息搜集情况	5								
团结合作	10								
练习态度认真	10								
考勤	10								
讲演与答辩	35								
按时完成任务	15								
善于总结学习	10								
合计评分	100								

模块**3**

Chapter 03

热塑性聚烯烃（TPO）防水卷材施工

学习目标

掌握 TPO 防水卷材性能及正确选择防水材料；

掌握 TPO 防水卷材施工工艺流程及施工要点；

掌握 TPO 防水卷材细部节点施工要点；

了解 TPO 防水卷材防水卷材施工方案编制内容；

熟悉 TPO 防水卷材常见质量问题及处理方式；

能够指导 TPO 防水卷材施工及会质量检测与控制；

通过 TPO 防水卷材高性能和技术创新，培养学习者创新精神和永攀科学高峰的意识。

思维导图

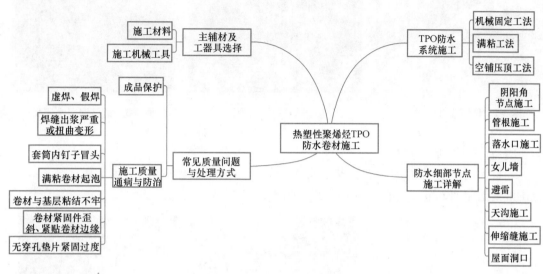

任务情境

　　TPO 防水卷材全称"热塑性聚烯烃防水卷材"，在 20 世纪 80 年代末兴起于欧美发达国家，有着优良的可焊接性能和超长的使用寿命。经过 30 多年的发展，TPO 防水卷材已经超越改性沥青、聚氯乙烯（PVC）、三元乙丙橡胶（EPDM）等防水卷材，成为北美地区应用量最大的屋面卷材。进入 21 世纪之后，TPO 防水卷材在国内发展迅猛，广泛应用于国内的各大工程中。

任务 3.1　主辅材及工器具

3.1.1　施工材料

1. 主材

（1）TPO 防水卷材

热塑性聚烯烃（TPO）防水卷材是以乙烯及高级 α 烯烃的共聚物作为主要树脂，辅以阻燃剂、光屏蔽剂、抗氧剂、稳定剂、增强织物等经共挤压合而成。

1）增强型 TPO 卷材（P）

卷材上下表面为 TPO 树脂层，中间以聚酯纤维网格织物作为胎体增强材料，如图 3-1 所示。采用机械固定、空铺，常用在钢结构屋面、混凝土屋面、种植屋面，如图 3-2、图 3-3 所示。

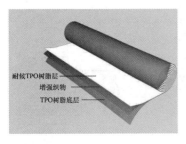

图 3-1　增强型 TPO 卷材　　　图 3-2　钢结构屋面　　　图 3-3　钢筋混凝土屋面

2）背衬型 TPO 卷材

卷材为均质型 TPO 片材背面热复合聚酯无纺布如图 3-4 所示。适用工法粘结，应用范围混凝土屋面、金属屋面、种植屋面，如图 3-5、图 3-6 所示。

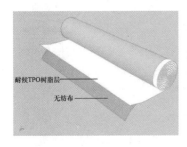

图 3-4　背衬型 TPO 卷材　　　图 3-5　混凝土屋面满粘　　　图 3-6　金属屋面维修满粘

3）均质型 TPO 卷材（H）

卷材全部由 TPO 树脂制成如图 3-7 所示。应用范围细部节点处理、种植屋面，如图 3-8、图 3-9所示。

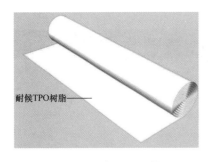

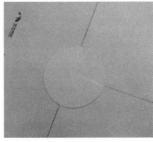

图 3-7　均质型 TPO 卷材　　　图 3-8　细部节点处理（一）　　　图 3-9　细部节点处理（二）

（2）保温板

保温层是减少屋面热交换作用的构造层。TPO 卷材屋面常用的保温材料主要有岩棉、聚苯板等。岩棉保温板以天然岩石为主要原料，经高温熔融、纤维化、砧板成型及制品后加工而成的无机隔热保温材料如图 3-10 所示，适用范围屋面保温层。XPS 挤塑聚苯板以聚苯乙烯为主要原材料，采用高温混炼挤压成型方法制造的轻质保温板材，如图 3-11 所示，适用范围屋面保温层。EPS 模塑聚苯板以含有挥发性液体发泡剂的可发性聚苯乙烯珠粒为原材料，经加热发泡后在模具中加热成型的保温板材，如图 3-12 所示。石墨改性模塑聚苯板以石墨改性聚苯乙烯为原材料，经加热发泡后在模具中加热制造成型的保温板材，如图 3-13 所示。

图 3-10　岩棉保温板

图 3-11　XPS 挤塑聚苯板

图 3-12　EPS 模塑聚苯板

图 3-13　石墨改性模塑聚苯板

（3）隔汽层

隔汽层是阻滞水蒸气进入保温隔热材料的构造层次。TPO 卷材屋面常用隔汽层主要有聚乙烯（PE）膜、复合聚丙烯膜、纺粘聚乙烯膜、改性沥青隔汽膜等。聚乙烯（PE）膜以聚乙烯树脂为原材生产的薄膜，适用范围：钢结构屋面、混凝土屋面隔汽层，如图 3-14所示。复合聚丙烯隔汽膜由长丝热粘聚丙烯复合高密度聚乙烯涂层制成的膜材料，如图 3-15 所示，适用范围钢结构屋面、混凝土屋面隔汽层。

图 3-14　聚乙烯（PE）膜

图 3-15　复合聚丙烯隔汽膜

（4）防火覆盖层

防火覆盖层是设置于难燃或可燃保温层之上的不燃材料防火层。TPO 卷材屋面常用的防火覆盖层有纤维水泥压力板、硅酸钙板、石膏板等。纤维水泥压力板以水泥为胶凝材料，有机合成纤维、无机矿物纤维或纤维素纤维等为增强材料，经成型、加压（或非加压）、蒸压（或非蒸压）养护制成的板材如图 3-16 所示，屋面防火隔离层。硅酸钙板以硅质、钙质材料为主要胶结材料，无机矿物纤维或纤维素纤维等为增强材料，经成型、加压（或非加压）、蒸压养护制成的板材，如图 3-17 所示。石膏板以建筑石膏为主要原料制成的一种板材如图 3-18 所示，适用范围屋面防火隔离层。

图 3-16　纤维水泥压力板

图 3-17　硅酸钙板

图 3-18　石膏板

2. 辅材

辅材是为完善 TPO 防水系统所需的如机械固定件、胶粘剂、预制件等的辅助材料。

（1）螺钉

高温高湿及腐蚀性环境下，不宜采用普通碳钢螺钉，应采用不锈钢螺钉，贮存和使用过程中避免雨淋，如图 3-19 所示。应用范围将 TPO 卷材及屋面其他构造层次固定于金属板、混凝土等基层。高温高湿及腐蚀性环境下，不宜采用普通碳钢螺钉，应采用不锈钢螺钉，贮存和使用过程中避免雨淋，如图 3-20 所示，应用范围钢结构屋面卷材收口。

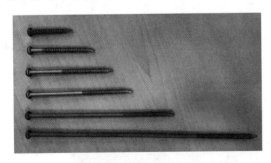
图 3-19　螺钉

图 3-20　收口螺钉

（2）套筒

卷材套筒贮存和施工过程中不宜长期曝晒，如图 3-21 所示，应用范围在软质基层上固定 TPO 防水卷材。卷材套筒贮存和施工过程中也不宜长期曝晒，如图 3-22 所示，固定软质保温层。

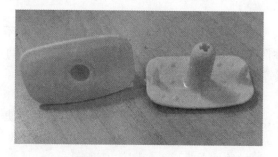

图 3-21　卷材套筒（一）

图 3-22　卷材套筒（二）

（3）垫片

垫片贮存和施工过程中不宜长期曝晒或雨淋，尼龙垫片固定防火覆盖层及 TPO 防水卷材，如图 3-23 所示。金属垫片在硬质基层上机械固定卷材如图 3-24 所示。金属垫片在软质基层上机械固定卷材，如图 3-25 所示。带套筒的无穿孔垫片在软质保温层上使用无穿孔工艺采用的紧固件，如图 3-26 所示。不带套筒的无穿孔垫片在硬质基层上使用无穿孔工艺采用的紧固件，如图 3-27 所示。

图 3-23　尼龙垫片

图 3-24　金属垫片（一）

图 3-25　金属垫片（二）

图 3-26　带套筒的无穿孔垫片

图 3-27　不带套筒的无穿孔垫片

图 3-28　TPO 专用胶粘剂

（4）胶粘剂

易燃、易挥发，使用时注意防火、通风，应注意胶粘剂与基层的相容性，建议使用环境温度不宜低于10℃，使用时注意通风，在阴凉、干燥、通风处贮存。应用范围用于将TPO防水卷材粘接于混凝土、砂浆、金属板等基层，如图3-28所示。

（5）压条

U形压条用于屋面周边或突出部位周边卷材的加强固定，如图3-29所示，贮存和使用过程中避免雨淋。平板收口压条用于女儿墙、山墙等部位卷材的隐蔽收口，如图3-30所示。外露收口压条用于女儿墙、山墙等部位卷材的外露收口，如图3-31所示。

图3-29　U形压条

图3-30　平板收口压条

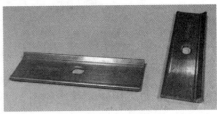
图3-31　外露收口压条

（6）密封胶

在阴凉、干燥、通风处贮存，应用范围卷材节点收口密封如图3-32所示。

（7）预制件

阳角预制件使用前应进行试焊，焊缝检查合格后方能使用，如图3-33所示。阴角预制件使用前应进行试焊，焊缝检查合格后方能使用，如图3-34所示。TPO走道板使用前应进行试焊，焊缝检查合格后方能使用，如图3-35所示。

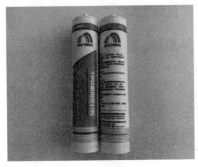
图3-32　密封胶

图3-33　阳角预制件

图3-34　阴角预制件

图3-35　TPO走道板

避雷支架已施工完毕的 TPO 卷材屋面，用作避雷网的支架，如图 3-36 所示。施工过程中避免破坏 TPO 卷材，如图 3-37、图 3-38 所示。管根预制件注意预制件与屋面管道的尺寸适配，如图 3-39 所示。

图 3-36　避雷支架（一）　　　　图 3-37　避雷支架（二）　　　　图 3-38　管根预制件

光伏支架预制件已施工完毕的 TPO 卷材屋面，用于固定光伏面板支架。需根据设计院出具的光伏设计图纸进行开洞和安装，如图 3-39 所示。重力落水口预制件用于 TPO 屋面重力落水口如图 3-40、图 3-41 所示，应根据落水口管径选择相应产品。虹吸落水口预制件用于 TPO 屋面虹吸落水口，应根据落水口管径选择相应产品。

图 3-39　光伏支架预制件　　　　图 3-40　重力落水口预制件　　　　图 3-41　虹吸落水口预制件

（8）其他辅材

焊绳用于屋面周边或突出部位周边卷材的加强固定，配合 U 形压条使用，如图 3-42 所示，注意使用前应进行试焊。卷材清洗剂易燃、易挥发，使用时注意防火、通风，不要与皮肤直接接触，皮肤接触后应及时用清水冲洗，在阴凉、干燥、通风处贮存，如图 3-43 所示。应用范围用于 TPO 卷材表面清洁。不锈钢金属管箍适用于圆形管状材料上 TPO 收口，需配合密封胶使用，如图 3-44 所示，应用范围用于管根等部位卷材收口。丁基胶带注意在阴凉、干燥、通风处贮存，应用范围用于粘接隔汽膜搭接边如图 3-45 所示。

图 3-42　焊绳　　　　　　　　图 3-43　卷材清洗剂

图 3-44　不锈钢金属管箍

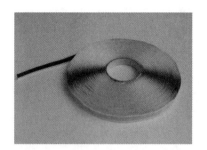

图 3-45　丁基胶带

3.1.2　施工机械、工具

1. 自动热空气焊机

用于 TPO 卷材大面焊接，注意事项：所设定的设备额定电压务必要与电源电压保持一致；在施工现场使用设备时，为确保人员安全，必须使用故障电流开关；设备运行时必须进行监控，如图 3-46 所示。

2. 手持焊枪

应用于 TPO 卷材立面、斜面、细部节点焊接。应注意所设定的设备额定电压务必要与电源电压保持一致；在施工现场使用设备时，为确保人员安全，必须使用故障电流开关；设备运行时必须进行监控；注意设备防潮防湿，如图 3-47 所示。

图 3-46　自动热空气焊机

3. 无穿孔焊机

应用于无穿孔施工工艺 TPO 卷材焊接。注意事项：如果使用者或附近的人佩戴心脏起搏器、外科移植物、假肢或其他医疗设备，请不要使用此工具；不要在铺有或者内嵌金属物体的地板上面激活工具；不要拉拽导线拖动工具；在检查或清洁工具前断开电线，否则可能触电；在使用工具的过程中，不要让含有金属的物体接近工具底部 7.5cm 以内，例如钥匙、珠宝、手表等，如图 3-48 所示。

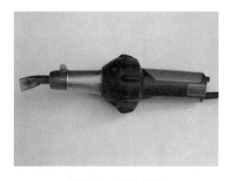

图 3-47　手持焊枪

图 3-48　无穿孔焊机

4. 工器具（表 3-1）

工器具一览表　　　　　　　　　　　　表 3-1

 40mm 宽焊嘴	应用范围：配合手持焊枪使用，用于 TPO 卷材长短边焊接
 20mm 宽焊嘴	应用范围：配合手持焊枪使用，用于细部节点 TPO 卷材焊接
 焊绳嘴	应用范围：配合手持焊枪使用，用于 TPO 荷载分散绳焊接
 电动螺丝刀	注意事项： 1. 所设定的设备额定电压务必要与电源电压保持一致。 2. 在施工现场使用设备时，为确保人员安全，必须使用故障电流开关。 3. 设备运行时必须进行监控。 4. 注意设备防潮防湿。 应用范围：用于紧固螺钉
 拉拔仪	应用范围： 用于测试紧固件与基层间的拉拔力
 40mm 宽压辊	应用范围：用于 TPO 卷材长短边搭接焊接压实，细部节点 TPO 卷材焊接压实
 检查钩针	应用范围：用于检查卷材焊缝质量
 卷材裁剪刀	应用范围：用于切割卷材

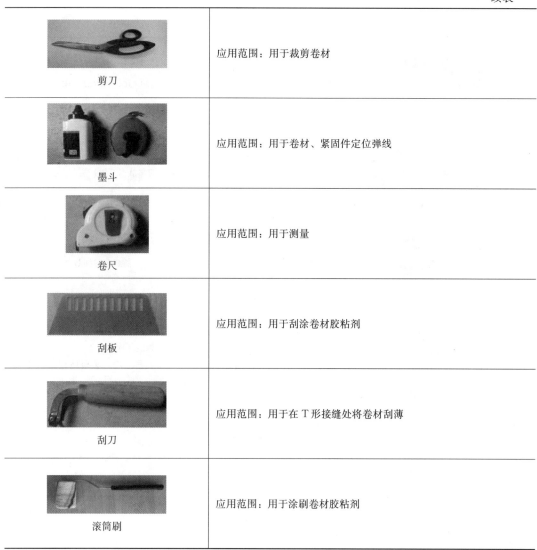

剪刀	应用范围：用于裁剪卷材
墨斗	应用范围：用于卷材、紧固件定位弹线
卷尺	应用范围：用于测量
刮板	应用范围：用于刮涂卷材胶粘剂
刮刀	应用范围：用于在 T 形接缝处将卷材刮薄
滚筒刷	应用范围：用于涂刷卷材胶粘剂

任务 3.2　TPO 防水系统施工

3.2.1　机械固定工法

1. 构造做法

（1）常规机械固定单层屋面系统

常规构造层次一：增强型 TPO 防水卷材、岩棉保温板、隔汽层、柔性屋面专用压型钢板，如图 3-49 所示。

常规构造层次二：增强型 TPO 防水卷材、防火板、XPS/EPS/PUR 保温层、隔汽层、柔性屋面专用压型钢板，如图 3-50 所示。

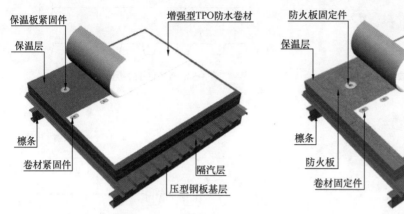 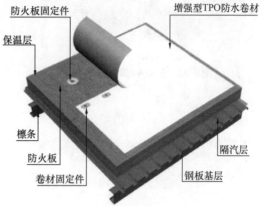

图 3-49　常规机械固定单层屋面系统（一）　　　　图 3-50　常规机械固定单层屋面系统（二）

（2）混凝土基层机械固定单层屋面系统

构造层次：增强型 TPO 防水卷材、无纺布隔离层、混凝土基层，如图 3-51 所示。

（3）无穿孔机械固定单层屋面系统

构造层次：增强型 TPO 防水卷材、岩棉保温板、隔汽层、柔性屋面专用压型钢板，如图 3-52 所示。

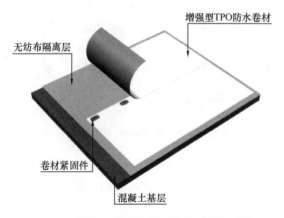 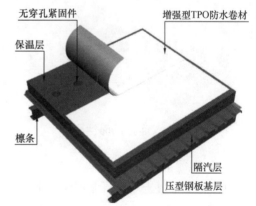

图 3-51　混凝土基层机械固定单层屋面系统　　　　图 3-52　无穿孔机械固定单层屋面系统

2. 材料要求

（1）基层

压型钢板：压型钢板的基板厚度不宜小于 0.75mm，基板最小厚度不应小于 0.63mm，当基板厚度在 0.63～0.75mm 时应通过固定螺钉拉拔试验；钢板屈服强度不应小于 235MPa。压型钢板波峰面宽不宜小于 25mm，波谷开口不宜大于 150mm，如图 3-53～图 3-60 所示。

图 3-53　YX38-152-914 三维图

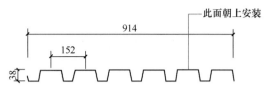

图 3-54　YX38-152-914 板型

图 3-55　YX35-152-914 三维图

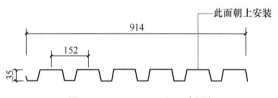

图 3-56　YX35-152-914 板型

图 3-57　YX75-200-600 三维图

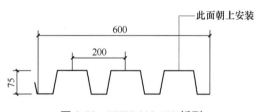

图 3-58　YX75-200-600 板型

图 3-59　YX38-150-900 三维图

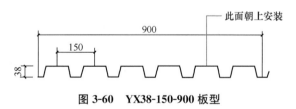

图 3-60　YX38-150-900 板型

（2）混凝土基层

1）钢筋混凝土基层厚度不应小于 40mm，强度等级不应小于 C20，并应通过固定螺钉拉拔试验。

2）保温层

岩棉应符合以下要求：

① 应该满足《建筑用岩棉绝热制品》GB/T 19686 的要求。

② 制品的质量吸湿率不大于 1.0%，憎水率应不小于 98%，吸水率应不大于 10%。

③ 在 60kPa 的压缩强度下，压缩比不得大于 10%；在 500N 的点荷载作用下，变形量不得大于 5mm。

④ 岩棉板的厚度应由设计人员根据建筑设计计算确定。

⑤ 其余未尽要求详见《单层防水卷材屋面工程技术规程》JGJ/T 316。

挤塑聚苯板（XPS）保温板应符合以下要求：

① 阻燃等级应达到 B_1 级，抗压强度≥150kPa。

② 应符合《绝热用挤塑聚苯乙烯泡沫塑料（XPS）》GB/T 10801.2 的要求。

③ 保温板的厚度应由设计人员根据建筑设计计算确定。

④ 其余未尽要求详见《单层防水卷材屋面工程技术规程》JGJ/T 316。

模塑聚苯板（EPS）保温板应符合以下要求：

① 抗压强度≥100kPa。

② 应符合《绝热用模塑聚苯乙烯泡沫塑料（EPS）》GB/T 10801.1 的要求。

③ 保温板的厚度应由设计人员根据建筑设计计算确定。

④ 其余未尽要求详见《单层防水卷材屋面工程技术规程》JGJ/T 316。

硬质聚氨酯泡沫塑料（PUR）保温板应符合以下要求：

① 抗压强度≥120kPa。

② 应符合《建筑绝热用硬质聚氨酯泡沫塑料》GB/T 21558 的要求。

③ 保温板的厚度应由设计人员根据建筑设计计算确定。

④ 其余未尽要求详见《单层防水卷材屋面工程技术规程》JGJ/T 316。

3）防火隔离层

采用耐火石膏板、水泥加压板等时，厚度不应小于 10mm，且防火板酸碱度值应介于 5～9 之间。

4）隔汽层

① 隔汽材料的水蒸气透过量不应大于 $10g/(m^2 \cdot 24h)$。

② 当采用聚乙烯膜时，厚度不应小于 0.3mm，钉杆撕裂强度不小于 160N，采用其他隔汽材料时，钉杆撕裂强度不应小于 160N。

5）隔离层

应采用≥120g/㎡无纺布。

3. 施工流程

前期准备→铺设隔汽层→铺设保温层→卷材防水层的铺设及固定→卷材防水层的焊接，收边压条后进行收边固定。

（1）施工准备工作

1）施工前，封闭屋面所有洞口，周边做好安全防护，如图 3-61、图 3-62 所示。

图 3-61　屋面洞口安全网　　　　　图 3-62　屋面四周安全网

2）吊装区域提前拉警戒线，摆放警示标志牌，如图 3-63 所示。

图 3-63　警戒隔离

图 3-64　码放材料（一）

3）材料在屋面码放整齐，卷材、保温应分散码放，避免屋面荷载集中，如图 3-64、图 3-65 所示。

图 3-65　码放材料（二）

图 3-66　工人着装

4）工人需戴安全帽、反光马甲、劳保鞋进场作业，如图 3-66 所示。

5）准备好施工所用的材料和机具，如图 3-67、图 3-68 所示。

图 3-67　施工机具

图 3-68　清理基层

（2）铺设隔汽层

1）隔汽层搭接 100mm，搭接边使用双面丁基胶带粘接，如图 3-69 所示。

图 3-69 铺设隔汽层

图 3-70 管根节点

2）管根等节点处用丁基胶带粘接密封，如图 3-70 所示。

3）在天窗处隔汽膜应上翻至顶部，并用丁基胶带固定，如图 3-71 所示。

图 3-71 隔汽膜上翻

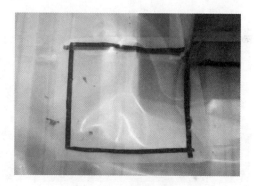

图 3-72 隔汽膜节点

4）节点处用丁基胶带进行密封处理如图 3-72 所示。

（3）铺设保温层

1）从屋面天沟开始向屋脊方向铺设保温板，如图 3-73、图 3-74 所示。

图 3-73 铺设保温板

图 3-74 保温板错缝铺设

2）当采用双层保温板时，上下两层保温板应错缝铺设。

① 采用常规机械固定方法

用墨斗在岩棉板上弹出固定套筒的基准线，如图 3-75、图 3-76 所示。

图 3-75 弹线

图 3-76 机械固定岩棉

当保温层使用岩棉板时，应使用保温套筒和螺钉固定岩棉板，每块岩棉板固定两个套筒，如图 3-77、图 3-78 所示。

图 3-77 岩棉保温套筒

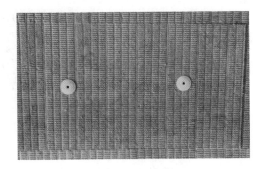

图 3-78 保温套筒固定

紧固件螺钉应固定在压型钢板的波峰上，严禁固定在钢板的波谷内，螺钉应穿出压型钢板至少 20mm，如图 3-79 所示。

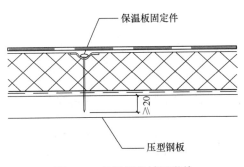

图 3-79 保温板机械固定件

图 3-80 铺防火板

当使用挤塑聚苯板（XPS）、模塑聚苯板（EPS）或硬质聚氨酯泡沫塑料等保温板时，需在保温板上铺设防火板，如图 3-80 所示。

在防火板表面弹线，以确定紧固件的固定位置，如图 3-81 所示。

防火板宜使用尼龙垫片固定，尼龙垫片排布方式按图示确定，当尼龙垫片与上部卷材固定件位置重合时，则取消此位置的尼龙垫片，如图 3-82、图 3-83 所示。

图 3-81　防火板弹线

图 3-82　尼龙垫片固定

② 采用无穿孔工艺的机械固定方法

当采用岩棉保温层时，应使用带套筒的无穿孔垫片固定岩棉板，固定件间距和布置方式根据风荷载计算确定，但要保证每块保温板不少于 2 个固定件，如图 3-84 所示。

图 3-83　尼龙垫片

图 3-84　固定无穿孔垫片

当使用挤塑聚苯板（XPS）、模塑聚苯板（EPS）或硬质聚氨酯泡沫塑料板（PUR）等保温板时，需在保温板上铺设防火板，使用不带套筒的无穿孔垫片固定防火板，如图 3-85～图 3-87 所示。

图 3-85　带套筒的无穿孔垫片图

图 3-86　无穿孔垫片固定防火板

（4）卷材防水层的铺设及固定

1）施工时首先要进行卷材预铺，采用压型钢板基层时卷材的铺设方向应与压型钢板波纹方向垂直，把自然疏松的卷材按轮廓布置在基层上，平整顺直，不得扭曲，卷材在铺设展开后，应放置15～30min，以充分释放卷材内部应力，避免焊接时起皱，如图3-88～图3-90所示。

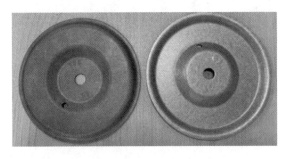

图 3-87　不带套筒的无穿孔垫片

图 3-88　铺设 TPO 卷材

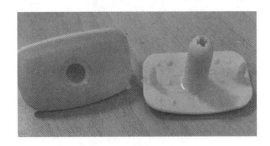

图 3-89　卷材套筒

图 3-90　卷材金属垫片

2）钉孔距离卷材边缘 30mm，螺钉穿出钢板至少 20mm，使用套筒固定防火板时需预钻孔，如图3-91、图3-92所示。

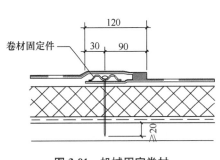

图 3-91　机械固定卷材

图 3-92　套筒固定错误做法

3）套筒边缘距离卷材边缘 10mm 左右，固定时应使长边平行于卷材边缘，并保持整齐，如图3-93所示。

4）铺设第二幅卷材，使第二幅卷材与第一幅卷材长边搭接不小于120mm，搭接边盖住第一幅卷材上的套筒和螺钉；卷材短边搭接不小于80mm。当采用无穿孔工法固定卷材时，卷材长边搭接不小于80mm，短边搭接不小于80mm，如图3-94所示。

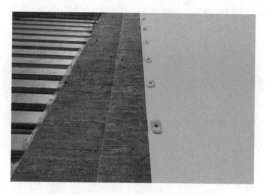

图 3-93　套筒固定正确做法

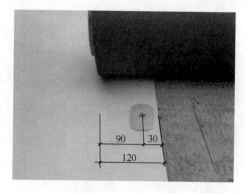

图 3-94　卷材搭接

5）当基层为混凝土、砂浆等硬质基层时，需先铺设无纺布隔离层，再铺设 TPO 卷材，卷材宜采用金属垫片进行固定，如图 3-95 所示。

6）固定卷材前先在混凝土基层上预钻孔，钻孔深度不小于 40mm，紧固件螺钉应打入混凝土基层至少 30mm，如图 3-96 所示。

图 3-95　铺设无纺布

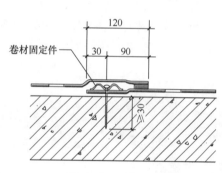

图 3-96　卷材固定

（5）卷材防水层的焊接

1）每日上午、下午或气温变化剧烈时，施工前需要进行卷材试焊。采用普通机械固定工法时，在试焊后的卷材上裁剪 20mm 宽长条，并进行焊缝剥离试验，以此确定焊机焊接速度、温度，如图 3-97、图 3-98 所示。

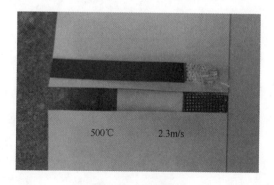

图 3-97　试焊合格

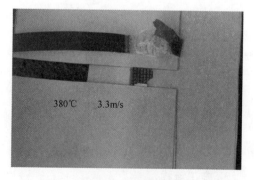

图 3-98　试焊不合格

2）采用无穿孔机械固定工法时，进行无穿孔垫片和卷材的剥离试验，以此确定无穿孔焊机的最佳焊接温度，如图 3-99、图 3-100 所示。

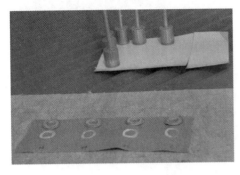

图 3-99　无穿孔试焊

图 3-100　卷材无穿孔固定

3）当采用无穿孔工法固定卷材时，在焊接卷材搭接缝前，需使用无穿孔焊机将卷材下表面与无穿孔垫片上表面进行电感焊接，并使用冷却器压住刚焊完的垫片，放置 45s 以上。

4）当采用无穿孔工法固定卷材时，在焊接卷材搭接缝前，需使用无穿孔焊机将卷材下表面与无穿孔垫片上表面进行电感焊接，并使用冷却器压住刚焊完的垫片，放置 45s 以上，如图 3-101、图 3-102 所示。

图 3-101　焊接卷材（一）

图 3-102　焊接卷材（二）

3.2.2　满粘工法

1. 构造做法（图 3-103）

2. 基层要求

砂浆基层应坚实、平整、干燥、不起砂，无较大裂纹；混凝土基层应干燥、平整，无孔洞、较大裂纹等，如图 3-104 所示。

3. 施工流程

（1）在清理干净的基层上预先铺设 TPO 卷材，预铺卷材时注意卷材的搭接，背衬型

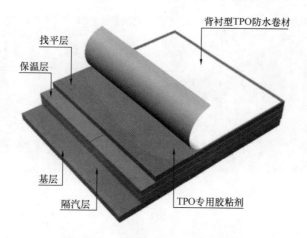

图 3-103　混凝土满粘单层屋面系统

图 3-104　基础处理

卷材长边留有 80mm 没有无纺布的搭接区域，短边采用对接搭接，如图 3-105、图 3-106 所示。

图 3-105　铺设卷材

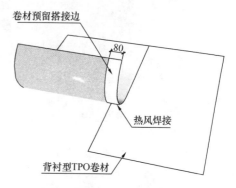

图 3-106　长边搭接

（2）卷材预铺 15～30min 以后，将卷材按照卷材幅宽先折回一半，如图 3-107 所示。

（3）使用刮板和滚筒刷在卷材背面和基层上均匀涂刷 TPO 专用胶粘剂，胶粘剂应厚薄均匀，不堆积。施工过程中应严禁烟火，注意通风，如图 3-108 所示。

图 3-107　回折卷材

图 3-108　刷胶

（4）涂刷完毕后晾胶，具体晾胶时间随环境温度变化而有所不同，如图 3-109 所示。

图 3-109　晾胶

（5）当胶粘剂不粘手时，即可结束晾胶，进行卷材粘接，如图 3-110 所示。

（6）粘接卷材时注意不要将空气压入卷材内部，形成鼓包，如图 3-111 所示。

图 3-110　手触不粘可结束晾胶

图 3-111　粘接卷材不要形成鼓包

（7）压实卷材使用压辊将卷材与基层压实，如图 3-112 所示。

（8）使用热风焊机焊接卷材的长边接缝，焊缝宽度 40mm，最小有效焊接宽度不小于 25mm，如图 3-113 所示。

（9）卷材短边采用对接连接，对接缝上覆盖 150mm 宽均质 TPO 盖条，有效焊接宽度不大于 25mm。完成焊接后，使用钩针检查焊缝质量，如图 3-114、图 3-115 所示。

图 3-112　压实卷材使用压辊将卷材与基层压实

图 3-113　卷材焊接

图 3-114　卷材短边焊接（一）

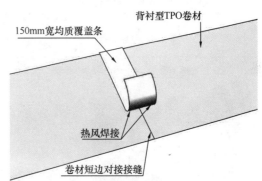

图 3-115　卷材短边焊接（二）

3.2.3　空铺压顶工法

1. 构造做法（图 3-116）

2. 材料要求

压铺层：压顶材料宜采用水泥砂浆、细石混凝土等制成的块体材料、卵石等并应符合下列规定：

（1）预制压铺块包括独立式压铺块和互锁式压铺块，密度应不小于 1800kg/m³，厚度不得小于 30mm，单块独立式压铺块的面积不得小于 0.1m²，单块互锁式压铺块的面积不得小于 0.08m²。

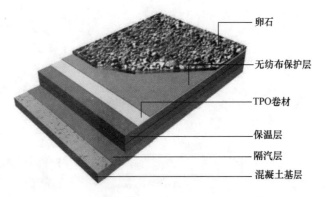

图 3-116　TPO 空铺压顶系统

（2）用于压顶材料的卵石应无尖锐棱角，直径宜为 25～50mm，密度应不小于 2650kg/m³，不得使用诸如石灰岩之类的轻质石材。

（3）块状压顶层表面应洁净、色泽一致，无裂纹、掉角和缺楞等缺陷。

3. 施工流程（图 3-117～图 3-121）

图 3-117　铺设隔汽膜和保温层

图 3-118　铺设 TPO 卷材

图 3-119　焊接卷材

图 3-120　铺设无纺布

图 3-121　铺设卵石或压铺块

任务 3.3　细部节点处理详解

3.3.1　阴阳角

TPO 卷材阴阳角分为平面阴角、立面阴角和阳角，阴阳角施工质量难度大，做法比较复杂。常见的阴阳角如图 3-122 所示。

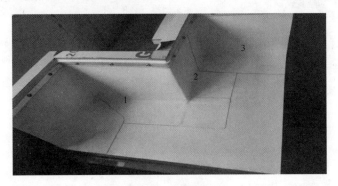

图 3-122　阴阳角
1—平面阴角；2—阳角；3—立面阴角

1. 平面阴角（图 3-123）

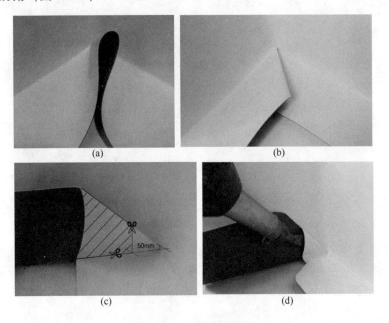

图 3-123　平面阴角处理
（a）将卷材压进墙角；（b）卷材折角；（c）将阴影部分剪到
离墙角 50mm 处；（d）预先焊接经剪切剩下的折角

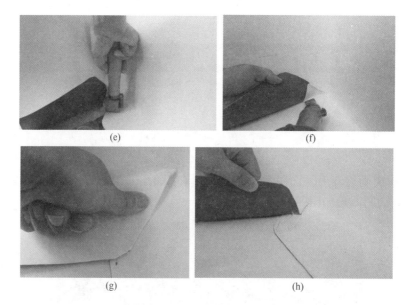

图 3-123　平面阴角处理（续）

（e）焊接下面的搭接部分；（f）加热折角焊缝与基层卷材的搭接部分；
（g）刚加热过保持几秒钟压下折角；（h）掀起未焊实的搭接部分热风焊接

2. 立面阴角（图 3-124）

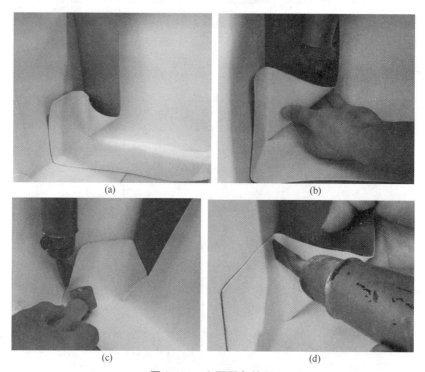

图 3-124　立面阴角处理

（a）竖直折角水平区域的搭接度与墙立面上的卷材点焊在一起；（b）焊合角部将该卷材与屋面、墙角、
宽角侧边的搭接宽度相同；（c）焊接搭接边将搭接部分的卷材第一层卷材上；
（d）焊接折角焊接侧面立墙的搭接焊接，完成焊接

3. 阳角（图 3-125）

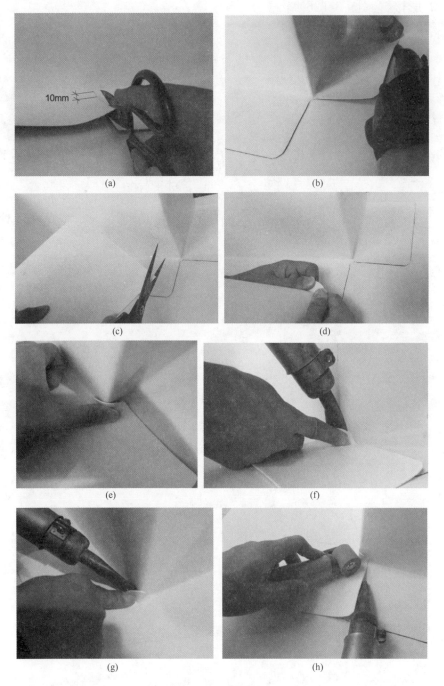

图 3-125　阳角处理

（a）裁剪卷材沿阳角纵向或横向方开卷材，剪到离阳角 10mm 处为止；（b）焊接搭接边将下翻卷材搭接部向剪分焊接在屋面卷材上；（c）裁剪均质型 TPO 剪下比缺口大 50mm 的均质型 TPO 卷材，后将要焊接的竖角处的卷材剪成圆角；（d）加热并拉伸卷材加热并拉伸卷材部位的圆角；（e）点焊将该卷材点焊到阳角根部，使卷材圆角高出平面 20mm；（f）焊接圆角从下而上焊接圆角；（g）焊接圆角的两边，焊接时使用手指按下卷材；（h）焊接剩余部分完成效果

3.3.2　T形接缝（图 3-126）

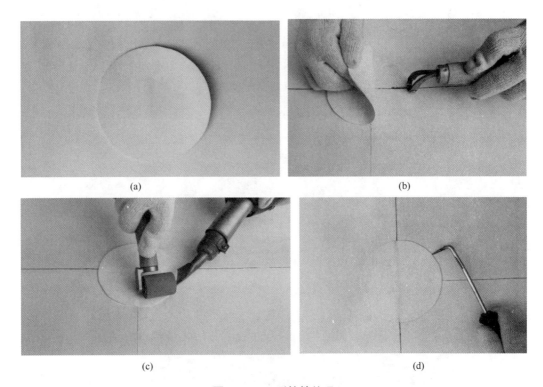

图 3-126　T形接缝处理

（a）裁剪一块直径不小于 15cm 的圆形均质 TPO；（b）削切处理使用刮刀将 T 形接缝处的
卷材做成斜坡；（c）焊接圆形盖片；（d）检查焊缝使用钩针检查焊缝质量

3.3.3　管根（图 3-127）

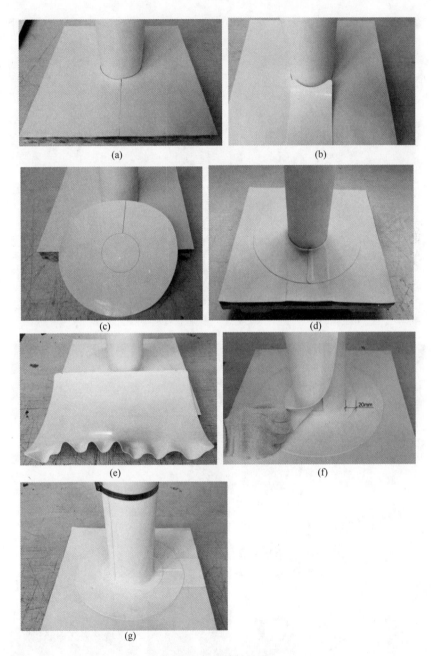

图 3-127　管根处理

（a）基层卷材裁剪出管道直径的圆孔；（b）裁剪 100mm 宽覆盖条，盖住裁剪缝并焊接；（c）裁剪半径为 150mm 的圆形均质 TPO，在中间切割一个比管道直径小 10mm 的圆孔，裁出圆环后，沿图示直线将圆环剪断；（d）包住管根并焊接卷材用剪断的圆环包住管根形成一个上翻的立边，并焊接在基层卷材上；（e）裁剪卷材按管道周长剪切一块均质防水卷材，搭接 30mm。卷材与大面卷材交接的部位加热、拉伸；（f）包住管根，使用卷材包住管根下翻20mm，焊接固定；（g）管根收口部位，使用不锈钢金属箍收口并打密封胶

3.3.4 女儿墙（图 3-128）

图 3-128 女儿墙处理

（a）女儿墙节点示意；（b）压条对接，墙体下方压条对接处空出 2～5mm，下方采用 5cm×8cm 卷材条衬垫，螺钉必须固定在第一个孔位置；（c）垫条包裹接头垫条包住对接头，点焊固定；（d）使用专用焊枪嘴焊接荷载分散绳；（e）铺立面卷材；（f）搭接缝焊接；（g）收口位置用压条固定；（h）用密封胶密封

3.3.5 天沟（图3-129）

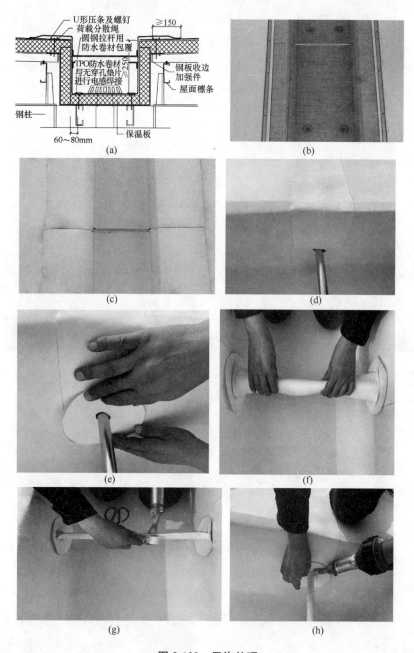

图3-129 天沟处理

(a) 天沟节点图；(b) 天沟内铺设保温岩棉，并用带套筒的无穿孔垫片进行固定；(c) 天沟内铺设 TPO 卷材，天沟底面卷材不断开，天沟横撑处卷材裁剪断开；(d) 铺设覆盖条，裁剪一块均质 TPO 覆盖条，将横撑上部卷材的裁剪缝盖住并焊接；(e) 裁剪一块圆形均质 TPO 卷材，裁出拉杆的洞口，套住拉杆后，将圆形 TPO 卷材焊接闭合，先不要与天沟侧边 TPO 焊接；(f) 裁剪均质型 TPO 卷材包裹拉杆；(g) 焊接卷材将搭接缝翻转到上部进行热风焊接；(h) 焊接拉杆端部卷材

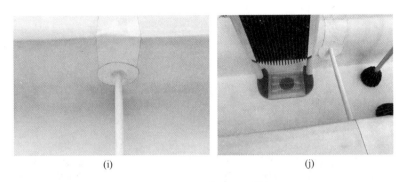

(i)   (j)

图 3-129　天沟处理（续）

（i）焊接圆形卷材，将圆形卷材与天沟侧边焊接在一起；（j）无穿孔焊接，使用无穿孔焊机焊接卷材

3.3.6 　避雷（图 3-130）

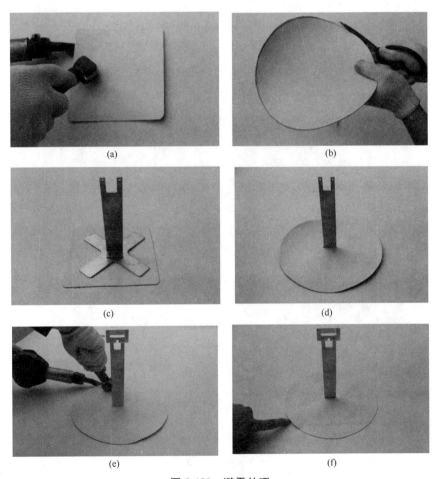

(a)   (b)

(c)   (d)

(e)   (f)

图 3-130　避雷处理

（a）裁剪一块方形 TPO，面积略大于避雷支架底座，焊接于大面卷材上；（b）裁剪一块圆形 TPO 卷材，直径 250mm；（c）将避雷支架放置在方形 TPO 卷材上；（d）将圆形 TPO 卷材中间裁口，套在避雷支架上；（e）将圆形 TPO 卷材与大面卷材焊接；（f）注意流水方向下侧留出 10mm 不焊接，用作排水口

3.3.7　伸缩缝（图 3-131）

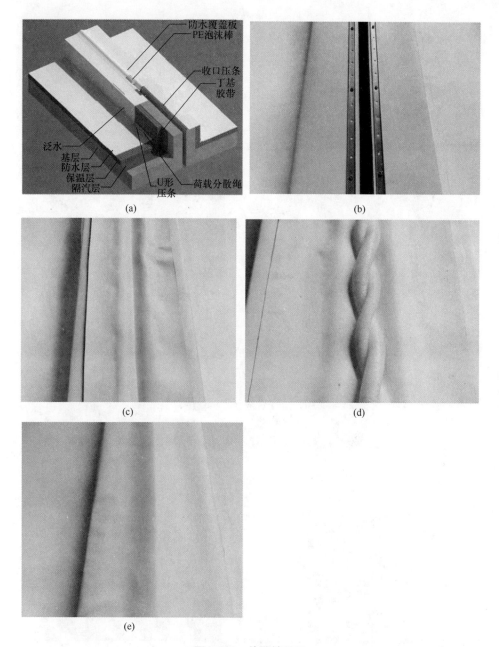

图 3-131　伸缩缝处理

（a）伸缩缝节点图示意；（b）铺伸缩缝立面泛水，TPO 泛水上翻至伸缩缝平面，
使用 U 形压条进行固定；（c）铺伸缩缝平面泛水，根据伸缩缝宽度裁剪合适的
卷材，盖住 U 形压条和伸缩缝平面，卷材需做成向伸缩缝内凹陷；
（d）放置泡沫棒，在平面凹陷的卷材内放入 PE 泡沫棒；（e）覆盖上层 TPO 卷材

3.3.8　屋面洞口（图 3-132）

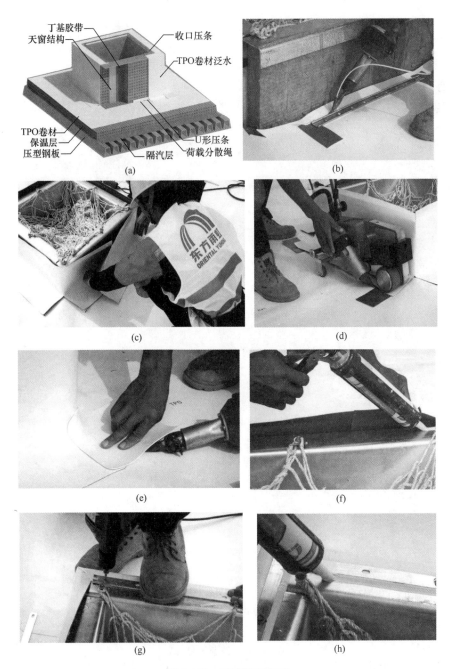

图 3-132　屋面洞口处理

（a）屋面洞口节点图；（b）固定 U 形压条及焊绳，屋面洞口处使用 U 形压条和焊绳固定大面卷材；
（c）铺立面卷材；（d）焊接立面卷材；（e）阳角节点处理；（f）打胶，收口处卷材下部先打一道密封胶；
（g）卷材收口，使用收口压条固定卷材；（h）打胶，收口压条处再打一道密封胶

3.3.9　水落口（图 3-133）

(a)

(b)

(c)

(d)

(e)

图 3-133　水落口处理

（a）雨水斗打胶，落水口四周固定装置不少于 8 颗、将雨水斗清理干净后打胶；（b）胶垫打胶，放上胶垫，胶垫上表面打胶；（c）压盘固定 TPO 卷材，覆盖均质 TPO 并在 TPO 上面打胶，用压盘固定 TPO，并进行焊接；（d）切除多余卷材，将压盘中间 TPO 切除，并在压盘上部打胶；（e）安装挡叶器

任务 3.4　常见质量问题及处理方式

3.4.1　施工质量通病及防治

1. 虚焊、假焊

虚焊、假焊指焊缝未焊牢，表面上看像已经焊接牢固，实际用手即可将焊缝撕开，此处容易产生渗漏，如图 3-134 所示。虚焊、假焊原因分析及防止措施，见表 3-2。

图 3-134　铁垫片

虚焊、假焊原因分析及防止措施　　　　　　　　　　　　　表 3-2

原因分析	防治措施
1. 焊接温度选择不当，焊接速度过快	1. 每日上下午开工前，进行试焊，确定最佳焊接温度、速度
2. 自动焊机焊接起步和结束的位置由于温度不足形成虚焊	2. 自动焊机焊接起步和结束的位置，使用如下铁垫片进行衬垫，焊接完后使用手持焊枪将此处焊缝焊牢
3. 卷材表面有污物	3. 焊接前使用卷材清洗剂擦除表面的污物
4. 基层表面不平整，或基层太软，导致焊机运行不畅	4. 保证焊机运行时基层坚实、平整，使用抗压强度符合要求的保温层

2. 焊缝出浆严重或扭曲变形

焊缝出浆严重或扭曲变形指卷材焊缝由于施工工艺问题导致外观质量差，如图 3-135 所示，焊缝出浆严重或扭曲变形原因分析及防止措施见表 3-3。

焊缝出浆严重或扭曲变形原因分析及防止措施　　　　　　　表 3-3

原因分析	防治措施
焊接温度过高、焊机行走速度过慢	调整焊机运行温度和行走速度

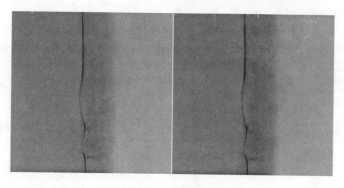

图 3-135　焊缝扭曲

3. 套筒内钉子冒头

套筒内钉子冒头指顶帽突出套筒的盘面，戳到上部 TPO 卷材，造成 TPO 卷材的磨损和破坏，如图 3-136 所示，套筒内钉子冒头原因分析及防止措施见表 3-4。

图 3-136　套筒钉子冒头

套筒内钉子冒头原因分析及防止措施 表 3-4

原因分析	防治措施
使用了抗压强度较低、较软的保温层，导致脚踩在保温套筒上时，将套筒和保温层踩塌陷，钉子从套筒内突出，对卷材造成破坏	使用抗压强度符合施工要求的保温层，按规范和图纸进行施工

4. 满粘卷材起泡

满粘卷材起泡指采用满粘法施工时，大面卷材粘接完毕后，出现起泡现象，如图 3-137 所

图 3-137　卷材起泡

示，满粘卷材起泡原因分析及防止措施见表 3-5。

套筒内钉子冒头原因分析及防止措施　　　　　　　　　　　　表 3-5

原因分析	防治措施
1. 基层不平，胶粘剂局部堆积，形成起泡	1. 基层处理平整
2. 施工时气温过低或晾胶时间过短，专用胶粘剂未挥发完全即进行粘接	2. 建议施工气温 10℃ 以上，充分晾胶，待胶粘剂手触不粘时，再粘接卷材

5. 卷材与基层粘接不牢

卷材与基层粘接不牢指采用满粘法施工时，卷材粘接完毕后，与基层粘接不牢的现象如图 3-138。卷材与基层粘接不牢原因分析及防止措施见表 3-6。

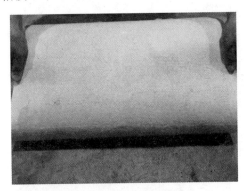

图 3-138　卷材粘接不牢

套筒内钉子冒头原因分析及防止措施　　　　　　　　　　　　表 3-6

原因分析	防治措施
1. 基层为砂浆基层时，起砂严重，导致卷材与基层粘接不良	1. 施工前，检查基层施工质量，若起砂严重，需进行基层处理
2. 基层为不相容的材料，导致粘接效果差	2. 满粘工法基层应为混凝土、砂浆或钢板基层，当基层为其他材料时，应进行粘接剥离实验，以确定是否可行
3. 气温过低，胶粘剂粘接效果变差	3. 胶粘剂施工气温需不低于 5℃，应避免冬期施工
4. 胶粘剂用量不足、涂布不均匀	4. 每平方米胶粘剂用量应为 0.4～0.6kg，并涂布均匀

6. 卷材紧固件歪斜、紧贴卷材边缘

卷材紧固件歪斜、紧贴卷材边缘指卷材采用机械固定工法时，套筒或垫片固定歪斜，不在一条直线上，套筒或垫片紧贴卷材边缘如图 3-139 所示，紧固件正确做法见图 3-140。卷材紧固件歪斜、紧贴卷材边缘原因分析及防止措施见表 3-7。

卷材紧固件歪斜、紧贴卷材边缘原因分析及防止措施　　　　　　表 3-7

原因分析	防治措施
施工紧固件时，未按照规范标准进行施工，导致紧固件紧贴卷材边缘。套筒或垫片未摆正即进行紧固作业，导致紧固件歪斜	严格按照规范标准固定套筒和垫片，套筒和垫片边缘应距离卷材边缘至少 10mm。紧固螺钉前应将套筒或垫片摆正

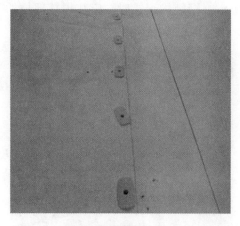

图 3-139 卷材紧固件歪斜、紧贴卷材边缘

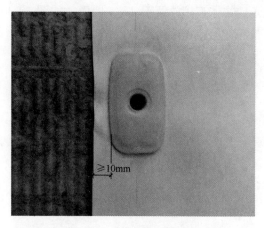

图 3-140 紧固件正确做法

7. 无穿孔垫片紧固过度

无穿孔垫片紧固过度指在岩棉保温板上固定无穿孔垫片时，由于螺钉紧固过度导致垫片凹陷，如图 3-141 所示，正确做法如图 3-142 所示。无穿孔垫片紧固过度原因分析及防止措施见表 3-8。

图 3-141 无穿孔垫片紧固过度

图 3-142 无穿孔垫片正确做法

无穿孔垫片紧固过度原因分析及防止措施　　　　　　　　　　　　　　　　表 3-8

原因分析	防治措施
施工紧固件时，螺钉紧固过度导致垫片整体陷入岩棉内部，易导致卷材与垫片电感焊接质量不良	使用电动螺丝刀紧固螺钉时，控制紧固力度，使垫片下表面略微陷入岩棉，上表面焊接面凸出岩棉

3.4.2 成品保护

1. 压型钢板成品保护

在压型钢板上使用拖车运输材料时，为防止对钢板造成破坏，应在钢板表面铺设木垫板，如图 3-143 所示。

施工完毕的 TPO 屋面应保持干净、整洁，及时清理垃圾，严禁无保护措施将带钉或锐角的物体直接放置于 TPO 屋面，如图 3-144 所示。钢结构焊接时，应在焊接部位的下方垫防火毛毡，防止焊渣烫伤卷材，如图 3-145～图 3-147 所示。

图 3-143　压型钢板成品保护

图 3-144　屋面杂乱需整理

图 3-145　钉子破坏

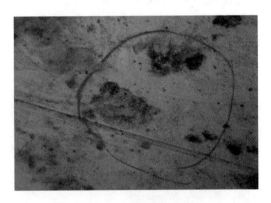

图 3-146　焊渣烫伤卷材

图 3-147　屋面垫毛毡

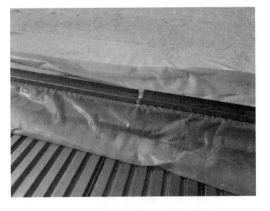

图 3-148　隔汽膜包好防止进水

2. 岩棉、隔汽膜等做好防雨

当日施工完毕或下雨前，应对未施工完毕的卷材断面部位进行覆盖，屋面排水方向的上部断面应将底部隔汽膜上翻盖住断面位置，并采取措施压住隔汽膜，如图 3-148 所示。屋面排水方向的下部断面应先将隔汽膜上翻，包裹住岩棉保温层，然后将卷材盖住断面位置，并采取措施压住卷材，见图 3-149、图 3-150 所示。

图 3-149　隔汽膜包住岩棉

图 3-150　压住卷材

附录　典型工程案例

附录 1　机械固定工法（图 3-151）

项目名称：奇瑞捷豹路虎汽车有限公司年产 13 万辆乘用车合资项目

项目地点：常熟市　　　施工面积：200000m²

项目特点：屋面有较多光伏面板支座，节点较多，工期紧张

(a)　　　　　　　　　　　　　(b)

(c)　　　　　　　　　　　　　(d)

图 3-151　机械固定工法

（a）奇瑞捷豹路虎屋面（一）；（b）奇瑞捷豹路虎屋面（二）；
（c）奇瑞捷豹路虎屋面（三）；（d）奇瑞捷豹路虎屋面（四）

附录2　无穿孔机械固定工法（图 3-152）

项目名称：卧牛山 EPS 车间及库房屋面防水保温工程

施工面积：11000m² 　　项目特点：荣获中国建筑防水工程"金禹奖"

(a)　(b)　(c)　(d)

图 3-152　无穿孔机械固定工法

（a）卧牛山屋面（一）；（b）卧牛山屋面（二）；（c）卧牛山屋面（三）；（d）卧牛山屋面（四）

附录3　满粘工法（图 3-153）

项目名称：安徽中烟芜湖卷烟厂"都宝"线项目制丝工房及综合库

施工面积：38000m² 　　项目特点：太空板满粘施工，板缝处理较为复杂

(a)　(b)

图 3-153　满粘工法

（a）芜湖烟厂屋面（一）；（b）芜湖烟厂屋面（二）

(c)　　　　　　　　　　　　　　　　(d)

图 3-153　满粘工法（续）

（c）芜湖烟厂屋面（三）；（d）芜湖烟厂屋面（四）

二维码3-1 任务
学习单参考答案

检查与评价 --

模块 3　任务学习单

项目名称	项目编号	小组号	组长姓名	学生姓名
TPO 卷材施工				

<table>
<tr><td rowspan="1">学生自主任务实施</td><td colspan="1">

一、单项选择题

1. 无穿孔施工热塑性聚烯烃防水卷材与垫片的连接应采用焊接，焊接垫片的直径不应小于（　　）表面应有与卷材同质的涂层。

　　A. 50mm　　　　　　B. 65mm　　　　　　C. 75mm　　　　　　D. 80mm

2. 比较而言，以下建筑屋面不太适宜采用 TPO 单层屋面系统的是（　　）。

　　A. 大型物流仓库　　B. 工业厂房　　　　C. 大型商场　　　　D. 高层住宅

3. 以下部位最适宜用 TPO 防水卷材的是（　　）

　　A. 工业厂房屋面　　　　　　　　　　B. 商品楼屋面

　　C. 地下室　　　　　　　　　　　　　D. 卫浴间

4. 高分子 TPO-P/L/H 卷材执行标准是（　　）。

　　A. GB 27789—2011　　　　　　　　　B. GB/T 23457—2009

　　C. GB 18173.1—2012　　　　　　　　D. GB 18173.1—2011

5. TPO 的阻根原理是（　　）。

　　A. 物理阻根　　　　　　　　　　　　B. 化学阻根

　　C. 物理化学双重阻根　　　　　　　　D. 铜离子阻根

6. TPO 单层屋面系统要满足一级防水要求，卷材厚度应大于或等于（　　）。

　　A. 1.0mm　　　　　　B. 1.2mm　　　　　C. 1.5mm　　　　　　D. 1.8mm

7. 管廊底板采用（　　）TPO 卷材。

　　A. 增强型　　　　　　B. 预铺反粘型　　　C. 自粘型　　　　　　D. 背衬型

8. 管廊侧墙采用自粘 TPO 与（　　）复合使用。

　　A. 防水灰浆　　　　　　　　　　　　B. JS 涂料

　　C. 聚氨酯涂料　　　　　　　　　　　D. 非固化沥青涂料

</td></tr>
</table>

125

项目名称	项目编号	小组号	组长姓名	学生姓名
TPO 卷材施工				

学生自主任务实施

9. TPO 防水卷材的中文全称是（　　）。
   A. 热塑性弹性体防水卷材　　　　　　B. 热塑性聚烯烃防水卷材
   C. 高分子防水卷材料　　　　　　　　D. 自粘胶膜防水卷材

10. P/H/L 三种型号的 TPO 卷材，都具有同样的（　　）。
   A. 断裂伸长率　　　　　　　　　　　B. 撕裂强度
   C. 低温弯折性　　　　　　　　　　　D. 最大拉力

11. GB 27789 中规定单层屋面使用的 TPO 人工气候加速老化时间为（　　）小时。
   A. 2000　　　　　B. 2500　　　　　C. 5000　　　　　D. 7000

12. GB 27789 中规定 H 型 TPO 的断裂伸长率需不小于（　　）。
   A. 200%　　　　　B. 300%　　　　　C. 400%　　　　　D. 500%

13. P 型 TPO 卷材的最大拉力为（　　）N/cm。
   A. 150　　　　　B. 200　　　　　C. 250　　　　　D. 300

14. P 型 TPO 卷材的胎体材料是（　　）。
   A. 玻纤毡　　　　　　　　　　　　　B. 聚酯无纺布
   C. 聚酯网格织物　　　　　　　　　　D. 长丝无纺布

15. 莱西工厂 TPO 生产线采用（　　）让片材成型，减少了加工环节有效降低了能耗及运营成本，（　　）全自动收卷机让生产线流畅运行。
   A. 双压延一步法工序、双工位　　　　B. 单压延两步法工序、三工位
   C. 单压延两步法工序、三工位　　　　D. 双压延两步法工序、双工位

16. GB 27789 中规定 TPO 的低温弯折性－（　　）℃无裂纹。
   A. 20　　　　　B. 25　　　　　C. 40　　　　　D. 50

17. GB 27789 中规定 P 型 TPO 中间胎基上面树脂层厚度不小于（　　）。
   A. 0.3mm　　　　B. 0.4mm　　　　C. 0.5mm　　　　D. 0.6mm

18. TPO 卷材具有优异的抗风揭性能，通过了（　　）认证。
   A. CRCC　　　　B. FM　　　　C. CE　　　　D. CECC

19. TPO 的施工方法为（　　）。
   A. 湿铺法　　　　B. 预铺反粘法　　　　C. 满粘法　　　　D. 机械固定

二、判断对错
1. 高分子自粘胶膜（TPO）预铺防水卷材表面有砂层。（　　）
2. 增强型 TPO 防水卷材可用机械固定工艺进行施工。（　　）
3. 热塑性聚烯烃（TPO）防水卷材具有树脂类材料的可焊接性能。（　　）
4. 热塑性聚烯烃（TPO）防水卷材采用 Catalloy 工艺，由乙烯、丙烯、丁烯共聚生成。（　　）
5. 热塑性聚烯烃（TPO）防水卷材（均质型）可用于种植屋面进行防水设防。（　　）
6. 自粘、HDPE、TPO 类、JS、聚氨酯等材料施工，可增加垃圾消纳费。（　　）
7. 热塑性聚烯烃（TPO）防水卷材可在节点部位利用其热塑性进行现场热风烘烤加工，便于与基层贴合。（　　）
8. TPO 防水卷材可采用热熔法施工。（　　）
9. 热塑性聚烯烃（TPO）防水卷材机械固定施工时，PE 膜或杜邦 Tyvek® 隔汽膜均可作为隔汽层。（　　）

续表

项目名称	项目编号	小组号	组长姓名	学生姓名
TPO 卷材施工				

<table>
<tr><td rowspan="40">学生自主任务实施</td><td>

10. 金属屋面防水工程在Ⅰ级防水设防时，可设计 1.2mm 热塑性聚烯烃（TPO）防水卷材。（　）

11. 硅烷改性聚醚防水涂料可以同 TPO 防水卷材复合使用。（　）

12. TPO 卷材不能作为耐根穿刺卷材使用。（　）

13. PMT-ZZ 自粘型 TPO 防水卷材不具备耐根穿刺性能。（　）

14. TPO 防水卷材满粘、自粘施工工艺中长边搭接宽度为 100mm。（　）

15. 厂房单层屋面系统做一道 1.2mm 厚增强型 TPO 防水卷材可达到一级防水。（　）

16. TPO 防水卷材搭接缝采用热风焊接，PVC 卷材搭接缝采用粘接连接。（　）

17. PVC 卷材含有增塑剂，易迁移变硬、变脆，因而耐老化性能比 TPO 差。（　）

18. 满粘单层屋面系统应采用背衬型 TPO 防水卷材。（　）

19. 金属屋面防水工程在Ⅰ级防水设防时，可设计 1.2mm 热塑性聚烯烃（TPO）防水卷材。（　）

20. 单层屋面系统分布式光伏可直接将光伏组件粘接于 TPO 防水卷材之上。（　）

三、多项选择题

1. 自粘 TPO 常规检测项目有（　）。
   A. 拉伸性能　　　B. 直角撕裂性能　　　C. 低温性能　　　D. 热老化性能

2. TPO 线可以生产（　）。
   A. 增强型 TPO　　B. 预铺型 TPO　　C. 自粘 TPO　　D. 背衬型 TPO

3. TPO 常规产品的宽幅有（　）。
   A. 1.0　　　B. 1.2　　　C. 2.0　　　D. 2.4

4. TPO 产品按构成及用途分为（　）。
   A. 增强型 PMT-3030　　　　B. 背衬型 PMT-3020
   C. 均质型 PMT-3010　　　　D. 背衬型 PMT-3010

5. TPO 卷材的优点包括（　）。
   A. 反射降温　　B. 无增塑剂　　C. 耐根穿刺　　D. 易焊接

6. 《热塑性聚烯烃（TPO）防水卷材》GB 27789—2011 中，出厂检测项目为（　）。
   A. 拉伸性能　　　　　　　B. 热处理尺寸变化率
   C. 低温弯折性　　　　　　D. 中间胎基上面树脂层厚度

7. TPO 在施工的时候，最容易漏水的位置有（　）。
   A. 连接处　　B. 高低差口处　　C. 管口处　　D. 大面

8. 与 EPDM 比较 TPO 优势包括（　）。
   A. 安装快速、易焊接（无胶水和溶剂）　　B. 易于屋顶快捷施工
   C. 生产工艺更加简单　　　　　　　　　D. 完全可回收利用
   E. 浅色，有利节能

9. 《热塑性聚烯烃（TPO）防水卷材》GB 27789—2011 中热老化外观是（　）。
   A. 起泡　　　　　　　　　B. 裂纹
   C. 粘结　　　　　　　　　D. 分层
   E. 孔洞　　　　　　　　　F. 疙瘩

10. TPO 卷材着色剂分为有机着色剂和无机着色剂，下列属于无机着色剂的有（　）。
    A. 钛白粉　　　　　　　　B. 炭黑
    C. 联苯胺　　　　　　　　D. 铬黄
    E. 甲醇

11. TPO 防水卷材适用于（　）。
</td></tr>
</table>

127

项目名称	项目编号	小组号	组长姓名	学生姓名
TPO卷材施工				

<table>
<tr><td rowspan="2">学生自主任务实施</td><td>

A. 有保护层的屋面   B. 地下室

C. 蓄水池   D. 屋面工程的单层外露防水层

E. 隧道

12. 预铺反粘TPO在地下室底板应用的优势（   ）。

   A. 抗钉杆撕裂强度高   B. 预铺反粘施工工艺

   C. 一道一级防水   D. 搭接边热风焊接

13. TPO应用法则有（   ）。

   A. 能用SBS的地方，试一试TPO

   B. 用SBS竞争力不够高的地方，试一试TPO

   C. 不知道用什么方案PK的时候，试一试TPO

   D. 不知道用什么方案的时候，就用TPO

14. 外露型TPO防水卷材系统包括（   ）。

   A. 机械固定系统   B. 满粘单层系统

   C. 空铺压顶系统   D. 预铺反粘系统

15. 热塑性聚烯烃TPO防水卷材原材料主要由哪几种组成？（   ）。

   A. 弹性树脂   B. 聚酯纤维网格布

   C. 阻燃填料   D. SBS改性

   E. 聚酯胎基布

</td></tr>
<tr><td>

四、简答题

1. 简述在综合管廊项目中，全设计TPO防水卷材，设计等级为一级的设计方案。

2. 简述增强型TPO防水卷材排他性强的设计上图指标。

3. 简述TPO机械固定单层屋面系统的施工步骤。

五、工程实践

查找TPO卷材防水施工专项方案，掌握高分子自粘防水专项方案编制的主要内容。

</td></tr>
</table>

续表

项目名称	项目编号	小组号	组长姓名	学生姓名
TPO 卷材施工				

完成任务总结（做一个会观察、有想法、会思考、有创新、有工匠精神的学生）	一、学习中存在的问题和解决方案
	二、收获与体会
	三、其他建议

模块 3　任务评价单

小组		学号		姓名		日期		成绩	
职业能力评价	分值	自评（10%）		组长评价（20%）		教师综合评价（70%）			
完成任务思路	5								
信息搜集情况	5								
团结合作	10								
练习态度认真	10								
考勤	10								
讲演与答辩	35								
按时完成任务	15								
善于总结学习	10								
合计评分	100								

模块4

Chapter 04

室内涂料防水系统施工

 学习目标

　　掌握涂料防水卷材性能及正确选择防水材料；

　　掌握涂料防水卷材施工工艺流程及施工要点；

　　掌握涂料防水细部节点施工要点；

　　了解涂料防水卷材施工方案编制内容；

　　能够指导涂料防水卷材及会质量检测与控制；

　　通过涂料防水卷材施工的学习，培养学习者精益求精、追求卓越的职业精神、工匠精神，细部节点构造的创新，树立学习者永攀科学高峰的意识。

思维导图

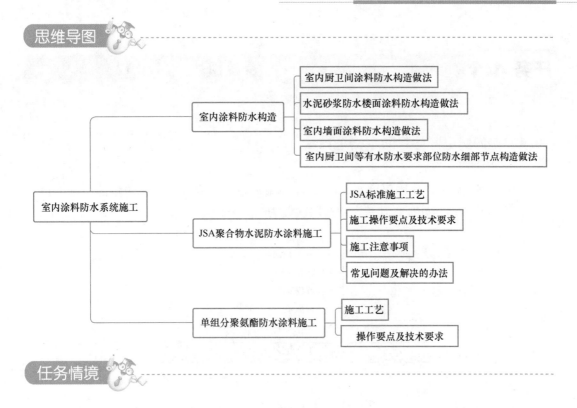

室内涂料防水系统施工

室内涂料防水构造
- 室内厨卫间涂料防水构造做法
- 水泥砂浆防水楼面涂料防水构造做法
- 室内墙面涂料防水构造做法
- 室内厨卫间等有水防水要求部位防水细部节点构造做法

JSA聚合物水泥防水涂料施工
- JSA标准施工工艺
- 施工操作要点及技术要求
- 施工注意事项
- 常见问题及解决的办法

单组分聚氨酯防水涂料施工
- 施工工艺
- 操作要点及技术要求

任务情境

　　防水涂料是无定型材料经现场制作，可在结构物表面固化形成具有防水能力的膜层材料，称为防水涂料。按成膜物类型分为有机防水涂料、无机防水涂料。有机防水涂料包括反应型、水乳型、溶剂型涂料；无机防水涂料包括水泥基渗透结晶型防水涂料和掺外加剂、掺合料的水泥基防水涂料。涂料的优点是使形状复杂、节点繁多的作业面操作简单、易行、防水效果可靠，可形成无接缝的连续防水膜层，使用时便于操作、施工速度快，工程一旦渗漏，易于对渗漏点做出判断及维修。防水涂料的缺点是成型受环境温度制约，膜层的力学性能受成型环境温度和湿度影响，反应固化型的产品受环境温度和湿度的影响，水乳型聚合物改性沥青基产品受温度影响，因成型环境温度与湿度的异同，膜层的力学性能有区别，受基面平整度的影响，膜层有薄厚不均的现象。防水涂料可分为水性涂料（JSA 聚合物水泥防水涂料、丙烯酸防水涂料、水泥基渗透结晶等）、反应型涂料（单组分聚氨酯、双组分聚氨酯、硬泡聚氨酯、软泡聚氨酯、聚脲等）和溶剂型涂料（溶剂型沥青基防水涂料）。本模块主要介绍适用于室内防水的 JSA 聚合物水泥防水涂料和单组分聚氨酯防水涂料的施工。

室内涂料防水构造

4.1.1　室内厨卫间涂料防水构造做法

采用涂刷法施工，涂刷厚度 1.5mm。涂刷遍数至少三遍成膜，在转角部位细部设置 300mm 宽网格布增强处理。其基本构造层次做法如图 4-1 所示。

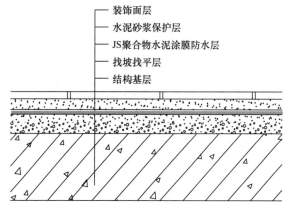

装饰面层
水泥砂浆保护层
JS聚合物水泥涂膜防水层
找坡找平层
结构基层

图 4-1　室内厨卫间涂料防水构造做法

4.1.2　水泥砂浆防水楼面涂料防水构造做法

采用涂刷法施工（涂刷厚度 2.0mm），多遍薄涂（图 4-2）。

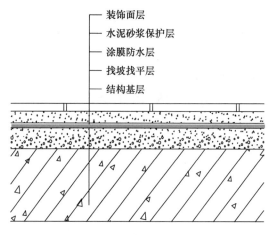

装饰面层
水泥砂浆保护层
涂膜防水层
找坡找平层
结构基层

图 4-2　水泥砂浆防水楼面涂料防水构造做法

4.1.3　室内墙面涂料防水构造做法

采用涂刷法施工（涂刷厚度 2.0mm），多遍薄涂。无淋浴设施立面上反高度不小于 0.3m 高，有淋浴设施立面上反高度不小于 1.8m 高（图 4-3）。

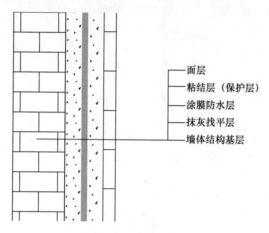

- 面层
- 粘结层（保护层）
- 涂膜防水层
- 抹灰找平层
- 墙体结构基层

图 4-3　室内墙面涂料防水构造做法

4.1.4　室内厨卫间等有防水要求部位防水细部节点做法

细部节点（平立面交接处、地漏、管根部位等）是防水工程的薄弱环节，必须有针对性地进行合理、安全、科学的设计并要求高质量的施工操作，才能保证防水系统的整体性及密闭不透水性。

1. 地漏部位防水做法（图 4-4、图 4-5）

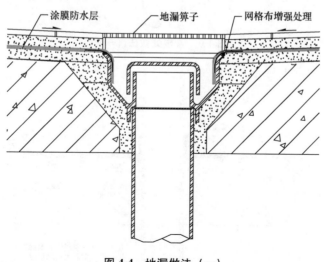

涂膜防水层　　地漏箅子　　网格布增强处理

图 4-4　地漏做法（一）

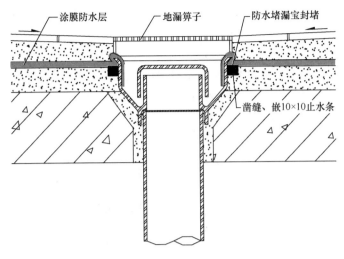

图 4-5 地漏做法（二）

2. 管根部位防水做法（图 4-6、图 4-7）

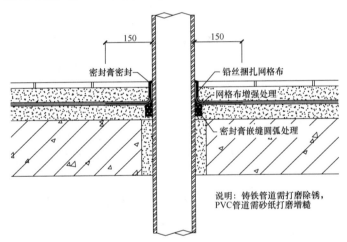

图 4-6 管根处做法（一）

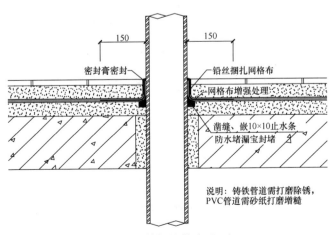

图 4-7 管根处做法（二）

管根处做法（一）应由土建方在管根与混凝土之间预留凹槽，深 10mm、宽 10mm，凹槽内应嵌填密封膏，然后再由防水施工方施工涂料。如果在防水施工前未做凹槽嵌缝处理，则应按管根处做法（二）所示凿缝嵌止水条并用防水堵漏宝封堵后涂刷防水涂料。

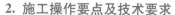

任务 4.2　JSA 聚合物水泥防水涂料施工

JSA-101 聚合物水泥防水涂料，J 指聚合物，S 指水泥，故 JS 就是聚合物水泥防水涂料。JS 防水涂料是一种以聚合物乳液与各种添加剂组成的有机液料，和高铝高铁水泥及多种添加剂所组成的无机粉料通过合理配比、复合制成的一种双组分、水性建筑防水涂料。适用于厕浴间、厨房、楼地面、阳台等工程的防水、防渗、防潮，也可用于Ⅰ、Ⅱ级屋面多道防水设防中的一道。Ⅰ型产品适用于干燥环境，其变形较大基层的建筑防水工程，如屋面、外墙等。Ⅱ型产品可适用于干湿交替的潮湿环境防水施工，其变形较小的基层，如卫生间、厨房等。Ⅰ、Ⅱ型产品均严禁用于长期浸水环境的地下工程。

4.2.1　JSA-101 标准化施工工艺

1. JSA-101 施工流程

施工前期准备→翻高标识→细部节点处理→第一遍涂刷→第二遍涂刷→第三遍涂刷→涂膜厚度测试→蓄水试验→验收交付使用。

2. 施工操作要点及技术要求

（1）施工前期准备

1）基层准备要点：坚实、平整、干净、无积水。

二维码4-1 JS涂料施工工艺视频

基层含水率：防水涂料施工时，基层应进行洒水润湿，防止基层过于干燥吸收涂料内的水分造成涂料出现针眼现象。

接缝密封：防水层施工前，基层与相连接的管件、地漏或排水口等必须就位正确，安装牢固，接缝严密，如不能达到要求，应在涂膜防水施工前与相关负责人员接洽及时修复安装并对缝隙进行密封。

裂缝：对于在其他工序施工过程中造成的裂缝（非结构层），根据裂缝的大小采取不同的处理措施：①裂缝较大时，应先凿除面层至结构层，清理干净后，再沿缝嵌填密封材料，涂布有胎体增强材料涂膜防水层，并采用聚合物水泥砂浆找平。②裂缝较小时，可沿裂缝剔缝，清理干净，涂布涂膜防水层，或直接清理裂缝表面，沿裂缝涂布两边无色或浅色合成高分子涂膜防水层，宽度不应小于 100mm。

平整度：对于局部范围的凹陷，可以采用向凹陷部位填充防水堵漏宝抹平处理，对于局部的凸起，可以采用处理工具将凸起部位铲除。对于大范围的凹凸不平，必须采用 1:3 水泥砂浆整体找平找坡处理（水泥砂浆找平层要求坚实平整，无麻面、起砂、松动及凹凸不平现象起壳）。

2）材料准备

先将液料倒入搅拌桶中（若添加清水时，宜将加入的清水与液料搅拌均匀后再添加粉料），在手提搅拌器的不断搅拌下将粉料徐徐加入，先搅拌 3min 然后静置 2min 后再搅拌 3min，彻底搅拌均匀，呈浆状且无团块、颗粒。其材料的配比如下（按出厂配比：一桶液料配一袋粉料），如图 4-8 所示。

图 4-8　准备材料

Ⅰ型：液料∶粉料∶水＝10∶8∶0～1.5；Ⅱ型：液料∶粉料∶水＝10∶12∶0～1.5 调配好的涂料必须在 30min 内用完。

3）工机具

① 基层清理工具：铲子、小平铲、吹灰器、扫帚等。

② 涂料涂刷工具：橡胶刮板、油漆刷、长柄滚刷、软毛刷等。

③ 取料配料工具：台秤、搅拌桶、手提搅拌器等。

（2）翻高标识

依据设计，对施工范围内的不同区域进行划分并标示上翻高度，如图 4-9 所示。

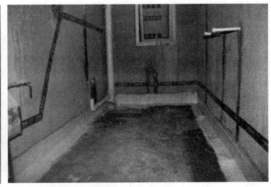

图 4-9　翻高标识

（3）细部节点处理

1）管根节点处理（图 4-10）。

2）地漏节点处理（图 4-11）。

管根剔凿(20mm×20mm)	管壁打磨增糙	密封膏嵌填	管根抹圆弧(r≥30mm)
裁剪增强布(宽200mm)	铺贴增强布	管根一布两涂(宽300mm)	管根节点完成效

图 4-10　管根节点细部处理

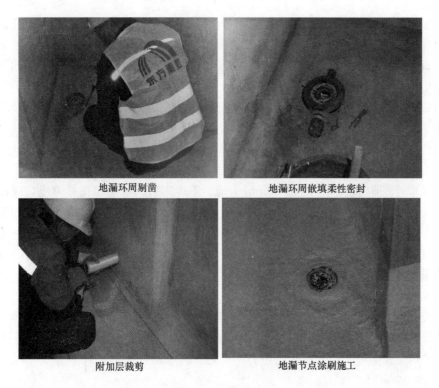

地漏环周剔凿	地漏环周嵌填柔性密封
附加层裁剪	地漏节点涂刷施工

图 4-11　地漏节点处理

3）阴角节点处理（图 4-12）

抹圆弧(r≥50mm)　　　　　裁剪胎体布(宽200mm)　　　　铺贴增强布

涂刮涂料(宽300mm)　　　　　　　　完成效果

图 4-12　阴角节点处理

4）节点处理注意事项

在管根、管道、阴阳角、地漏口以及不同材料交界处等易发生漏水的部位应做附加层处理。附加层做法：一般是一布两涂，用于附加胎体材料宜选用（30～50）g/m² 的聚酯纤维无纺布、聚丙烯纤维无纺布或耐碱玻璃纤维网格布。作业时应均匀涂刷第一遍涂料，并排除涂层中的气泡，将布紧贴在第一遍涂层上。在阴阳角处将加筋布剪成条形，在管根处加筋布剪成块形或三角形紧贴涂层面。随铺布随刷第二遍涂料，要求涂料将加筋布浸透。待第二遍涂料表干后涂刷第三遍涂层，涂刷方向与上一遍垂直。涂膜作业完成待表干后，才可以进行大面积涂膜防水施工。

附加层涂层宽度 300mm；加筋布宽度温度分隔缝处宽度为 100mm，空铺，其他部位加筋布尺寸应小于附加层涂层各边 50mm 为准，不得露边；加筋布搭接宽度，屋面、室内工程：长边搭接不小于 50mm，短边搭接不小于 70mm，上下两层和相邻两幅加筋布的接缝应错开 1/3 幅宽，且上下两层加筋布不得相互垂直铺贴；附加层涂层厚度：加筋布下层的涂层厚度不宜小于 0.5mm，最上面的涂层厚度不应少于两遍，其厚度不应小于 1.0mm。细部处理成膜干燥后应进行局部浇水试验，发现问题及时整治。

（4）第一遍涂膜

施工要求为：液料需进行稀释，配料比例为液：粉：水＝10：8：0～1.5；采用滚筒均匀涂刷，不得有漏涂、堆积、鼓泡等缺陷；涂刷厚度 0.2～0.3mm，材料用量 0.48～0.72kg/m²；涂膜完成 4～6h 表干后进行下一道涂料涂刷，如图 4-13 所示。

（5）第二遍涂膜

第二遍涂刷施工要求：液粉比例按要求进行，严禁加水；第二遍涂膜方向与第一遍垂直；采用刮板均匀刮涂，不得有漏涂、堆积、鼓泡等缺陷；涂刷厚 0.5～0.7mm，材料用

图 4-13　第一遍涂膜

量 1.20～1.68kg/m²；涂膜完成 4～6h 表干后进行下一道涂料涂刷，如图 4-14 所示。

图 4-14　第二遍涂膜

（6）第三遍涂膜

第三遍涂刷施工要求：与第二遍涂膜施工要求相同，表干后采用清水滚筒刷拉毛处理；涂刷（刮）遍数由设计厚度决定，通常 1.5mm 厚涂刷（刮）2～3 遍，2.0mm 厚涂刷（刮）3～4 遍，以此类推，至涂膜完成厚度达到设计要求。涂膜效果如图 4-15 所示。

（7）涂膜成品自检

图 4-15　第三遍涂膜

防水层的平均厚度应符合设计要求，最小厚度不应小于设计厚度的 90%。

检验方法：用涂层测厚仪量测或现场取 20mm×20mm 的样品，用卡尺测量。

检验数量：在每一个自然间的楼、地面及墙面各取一处；在每一个独立水容器的水平面及立面各取一处。施工现场做好以下几个字："看"——均匀平衡，无裂缝，起泡等现象；"摸"——→手触不沾；"敲"——→无空鼓；"割"——→涂膜切片（20mm×20mm）；"量"——→测厚度（不小于 90% 设计厚度）。

（8）蓄水试验

待涂膜防水层完全干燥后，可进行蓄水试验检测防水层是否渗漏。蓄水高度不应小于 20mm，蓄水试验不小于 24h，检验并验收合格后方可进行下道工序施工，如图 4-16 所示。每道工序完成后都需要对完成面进行成品保护，避免交叉施工及其他原因造成的完成面破坏。

图 4-16　蓄水试验

（9）验收交付使用

验收交付标准：编制检验批并及时报验审批，办理移交单，须相关方签字确认，如图 4-17 所示。

3. 施工注意事项

每个工作面施工必须是上一道工序施工完毕，验收合格后进入下道工序；施工完毕后

自检无渗漏　　　　　　　　　报验、交付

图 4-17　验收交付使用

应及时清洗施工工具，以免干后难以清除；JSA 涂料应按配合比准确计量，搅拌均匀，并应根据有效时间确定每次配制的用量，配置好的涂料必须在 30min 内用完；涂料应多遍均匀涂刷或喷涂，涂刷应待前遍涂层干燥成膜后进行（以手摸不粘手为准）。每遍涂刷时应交替改变涂层的涂刷方向，同层涂膜的先后搭压宽度宜为 30～50mm；涂料防水层的甩槎处接槎宽度不应小于 100mm，接涂前应将其甩槎表面处理干净；产品粉料应存放在干燥处，液料须存放在温度 5～35℃的阴凉处，阴雨天气或气温低于 5℃时不得施工；成品保护，每道工序完成后均需进行成品保护，避免交叉施工破坏。

4.2.2　常见问题及解决办法

1. 气泡、气孔

原因：涂料搅拌方式及时间掌握不对，或基层未处理干净，均可使涂膜产生气孔或气泡。搅拌过程中应选用功率大，转速不高的搅拌器，强制搅拌均匀时间控制在 5min 以上，期间需静置 2～3min。基层一定要清洁干净，无浮砂灰土，基层孔隙以基层涂料填补密实，方可避免气泡产生。另一次涂膜过厚同样也会在涂膜表层出现气泡，由于表层涂料干固快，里层涂料未干，在温度升高时会导致气泡的产生。

处理方法：对于气泡可将其刺穿，除去浮膜，排气，用涂料填实或增补涂抹。

2. 起鼓

原因：基层含水率大。

处理方法：割掉起鼓部分，干燥基层，排除潮气，多遍涂膜修补。

3. 起粉

原因：搅拌不均。

处理方法：使用专用搅拌器充分搅拌约 5min，或搅拌后用滤网过滤。起粉部位割掉，多遍涂膜修补。

4. 破损

原因：成品保护不力。

处理方法：轻度损伤，可直接增强涂膜处理；损坏较大处，割除损坏部分，清理基层，按顺序、分层增强涂膜防水达到设计要求。

5. 针孔

原因：基层干燥，表面孔隙率大。

处理方法：施工前对基层洒水湿润，或涂刷界面剂进行封堵。针孔部位多遍涂膜修补。

6. 阴角开裂

原因：涂刷蘸料过多，材料堆积厚度过厚。

处理方法：割掉开裂部位，清理基层，多遍均匀涂膜修补。

7. 流挂

原因：涂刷量过多，兑水量过大。

处理方法：搅拌时充分搅拌，过程中静置 5min 后再次搅拌，或搅拌后用滤网过滤；多遍涂膜修补。

二维码4-2 聚氨酯
涂料施工工艺视频

任务 4.3 单组分聚氨酯防水涂料的施工

4.3.1 施工工艺

基层清理→细部附加处理→第一遍涂膜→第二遍涂膜→⋯→面层涂膜→防水层第一次试水→保护饰面层施工→防水层第二次试水→工程质量验收。

4.3.2 操作要点及技术要求

1. 基层清理：选用合适的工具将基层清扫干净，基层表面不得有浮尘、杂物，不得有突出尖锐物，且基层干燥。

2. 细部附加处理：在地漏、管根、阴阳角等易发生漏水的部位应增加一层网格布加强处理。首先用橡胶刮板或油漆刷厚度均匀地涂刷一遍涂料，涂刷宽度 500mm 为宜，并立即粘贴网格布进行加筋增强处理。网格布粘贴时，应用漆刷摊压平整，与下层涂料贴合紧密，表面再涂刷一至二层涂料，使其完全覆盖。

3. 涂刷第一道涂层：细部节点处理完毕且涂膜干燥后，进行第一道大面涂层的施工。涂刷时要均匀，不能有局部沉积，并要多次涂刮使涂料与基层之间不留气泡。

4. 涂刷第二道涂层：在第一道涂层充分固化后（一般以手摸不粘手为准），进行第二道涂层的施工，涂刷的方向与第一道相互垂直，干燥后再涂刷下一道涂层，直到达到设计厚度。

5. 最后一道防水涂料时，如果防水层上还要进行镶贴砖，涂料强度较高，拉力较大，应在涂刷后未干前进行撒砂或者拉毛处理，均匀撒砂拉毛后待干燥后就可进行防水保护层的施工。

6. 防水层的验收：施工时应边涂刷边检查，发现缺陷及时修补，现场施工员、质检员必须跟班检查，检查合格后方可进入下一道涂层施工，特别要注意平立面交接处、转角处、阴阳角部位的做法是否正确。自检合格后报请监理方/建设方进行防水层的整体验收。

防水验收根据当地标准，防水层完工干燥 48h 后应做 24h 蓄水试验，不渗不漏为合格。第一次试水合格后即可做保护饰面层。保护饰面层施工完毕应做第二次试水试验，以最终无渗漏为验收合格。

7. 施工注意事项

（1）基层需干燥、坚实；

（2）施工温度宜在 5～35℃，不宜在高温高湿天气施工，并避免阳光暴晒；

（3）聚氨酯涂料开盖后，应尽快使用完，时间不宜超过 4h。开桶后未用完的涂料应立即将盖子盖严；

（4）涂膜未实干前，严禁在防水层上行走，并注意保护不被损伤；

（5）应在通风良好的条件下施工，施工现场应配备消防器材，施工应戴安全帽、手套，现场严禁抽烟和动用明火；

（6）严禁将聚氨酯防水涂料涂刷在饮用水管上。

二维码4-3 任务
学习单参考答案

检查与评价

模块 4 任务学习单

项目名称	项目编号	小组号	组长姓名	学生姓名
涂料防水施工				

	一、单项选择题
学生自主 任务实施	1. 下列（ ）可采用喷涂方式进行施工。 　　A. 聚合物水泥防水涂料　　　　　　　　B. 橡胶沥青非固化防水涂料 　　C. 聚氨酯防水涂料　　　　　　　　　　D. 以上都是 2.《聚氨酯防水涂料》GB/T 19250 中规定，材料的标志不包括（　　）。 　　A. 生产厂名、地址　　　　　　　　　　B. 加水配比 　　C. 可选性能　　　　　　　　　　　　　D. 贮存地点 3. 聚氨酯面层宜在聚脲涂层施工完毕后（　　）内完成，保证面层和聚脲防水层之间良好的粘结。 　　A. 6h　　　　　　　B. 8h　　　　　　　C. 12h　　　　　　　D. 24h 4. 屋面工程涂料防水层的最小厚度不得小于设计厚度的（　　）。 　　A. 60%　　　　　　B. 70%　　　　　　C. 80%　　　　　　D. 90% 5. 阴阳角处及管道根部应成圆弧状，半径为（　　）。 　　A. 50mm　　　　　B. 45mm　　　　　C. 40mm　　　　　D. 35mm 6. 聚氨酯防水涂料标准中，对厚度计按接触面的直径要求（　　）。 　　A. 6mm　　　　　　B. 10mm　　　　　C. 12mm　　　　　D. 14mm 7. 聚氨酯防水涂料多组分的固体含量（　　）。 　　A. 92%　　　　　　B. 80%　　　　　　C. 75%　　　　　　D. 95% 8. 聚合物乳液建筑防水涂料试样紫外线老化照射的时间为（　　）。 　　A. 250h　　　　　B. 240h　　　　　C. 230h　　　　　D. 210h

项目名称	项目编号	小组号	组长姓名	学生姓名
涂料防水施工				

<table>
<tr><td rowspan="40">学生自主
任务实施</td><td>

9. 聚氨酯防水涂料的涂膜不透水性要求( )不透水。

    A. MPa·30h   B. MPa·24h   C. MPa·30min   D. MPa·20min

10. 聚合物乳液建筑防水涂料产品经搅拌后( )。

    A. 无结块、呈均匀状态   B. 无明显颗粒状

    C. 均匀黏稠体   D. 无色差

11. 聚氨酯防水涂料做固体含量试验时，称取的样品量是( )。

    A. (8±1)g   B. (6±1)g   C. (3±1)g   D. (2±1)g

12. 聚氨酯防水涂料在做潮湿基面粘结强度时，速度控制为( )。

    A. 10mm/min   B. 50mm/min

    C. 20mm/min   D. 70mm/min

13. 聚合物乳液建筑防水涂料试样在做低温柔性试验时，试样和圆棒在规定温度的低温箱内放置( )。

    A. 0.5h   B. 1h   C. 2h   D. 3h

14. 聚合物乳液建筑防水涂料试样在做加热伸缩率试验时，试件在（80±2）℃的干燥箱内时间是( )。

    A. 168h   B. 24h   C. 6h   D. 72h

15. 聚合物乳液建筑防水涂料试样在做碱处理后，清洗、擦干、还需要在( )的干燥箱中烘6h。

    A. (80±2)℃   B. (40±2)℃   C. (50±2)℃   D. (60±2)℃

16. 聚合物乳液建筑防水涂料标准物理力学性能中，酸处理后的拉伸强度保持率是( )。

    A. 40%   B. 60%   C. 80%   D. 90%

17. 聚合物乳液建筑防水涂料标准物理力学性能中，常温下的断裂延伸率Ⅰ、Ⅱ类产品是( )。

    A. Ⅰ类200%   Ⅱ类300%   B. Ⅰ类300%   Ⅱ类200%

    C. Ⅰ类Ⅱ类均为300%   D. Ⅰ类Ⅱ类均为200%

18. 聚合物水泥防水涂料干燥时间的测定。试验条件为温度（23±2）℃，相对湿度( )。

    A. (45～70)%   B. (40～60)%   C. (45～55)%   D. (30～60)%

19. 聚合物水泥防水涂料的试样制备。分别称取适量液体和固体组分，混合后机械搅拌( )。

    A. 3min   B. 5min   C. 10min   D. 12min

20. 聚合物水泥防水涂料的试样脱模后在标准条件放置( )。

    A. 24h   B. 72h   C. 168h   D. 220h

</td></tr>
<tr><td>

二、判断对错

1. 屋面工程施工遵照"保证功能、构造合理、防排结合、工程控制、质量验收"的原则。 ( )

2. 涂料防水层所用的材料及配合比符合设计要求属于验收的一般项目。 ( )

3. 屋面排水坡度大于25%时，不宜采用干燥成膜时间过长的涂料。 ( )

4. 喷涂聚脲防水涂料和单组分聚氨酯防水涂料为湿气固化成型。 ( )

5. 屋面排水方式可分为有组织排水和无组织排水；有组织排水时，宜采用雨水收集系统。 ( )

6. 聚氨酯防水涂料物理力学性能中多组分及单组分材料，其不透水性能指标为30min不透水。 ( )

7. 聚氨酯防水涂料物理力学性能中多组分及单组分材料，其表干时间≤12h。 ( )

8. 聚氨酯防水涂料物理力学性能中多组分及单组分材料，其实干时间≤24h。 ( )

9. 聚氨酯防水涂料物理力学性能中多组分及单组分材料，其固体含量≥92%。 ( )

10. 聚氨酯防水涂料物理力学性能中多组分及单组分材料，其潮湿基面粘结强度指标适用于

    地下工程。 ( )

11. 聚氨酯防水涂料物理力学性能中多组分及单组分材料，其低温弯折性的无处理温度

    指标要求是-40℃。 ( )

</td></tr>
</table>

项目名称	项目编号	小组号	组长姓名	学生姓名
涂料防水施工				

<table>
<tr><td rowspan="26">学生自主
任务实施</td><td>

12. 聚氨酯防水涂料物理力学性能中多组分及单组分材料，其经处理后的低温弯折性温度指标要求是－30℃。　　　　　　　　　　　　　　　　　　　　（　　）

13. 聚氨酯防水涂料物理力学性能中多组分及单组分材料，其Ⅱ型断裂伸长率经处理后的指标要求是≥400%。　　　　　　　　　　　　　　　　　　　　（　　）

14. 聚氨酯防水涂料的涂膜在做拉伸性能时，其速度控制为200mm/min。　　（　　）

15. 聚氨酯防水涂料在固体含量试验时，烘箱设定温度为（105±2）℃。　　（　　）

16. 聚氨酯防水涂料在做潮湿基面粘结强度试验时，把砂浆试块从水中取出，用湿毛巾揩去水渍，即涂抹涂料后对接。　　　　　　　　　　　　　　　　　　（　　）

17. 聚合物乳液建筑防水涂料试样拉伸速度为250mm/min。　　　　　　　（　　）

18. 聚合物乳液建筑防水涂料试样在做低温柔性时，试样和圆棒在规定的低温箱内放置2h。（　　）

三、多项选择题

1. 下列属于水性涂料特点的是（　　）。
   A. 无溶剂、无毒、环保　　　　　　　　B. 无需加热采用冷施工即可
   C. 均可外露使用　　　　　　　　　　　D. 无接缝，防水效果好

2. 双组分聚氨酯防水涂料的配比，是按照（　　）。
   A. 体积比　　　　　　　　　　　　　　B. 质量比
   C. 1桶A组分对1桶B组分　　　　　　　D. 无比例

3. 单组分聚氨酯防水涂料的固化速度会受（　　）影响。
   A. 温度　　　　　　　　　　　　　　　B. 基层
   C. 湿度　　　　　　　　　　　　　　　D. 风力

4. 可能导致单组分聚氨酯产品结皮的原因包括（　　）。
   A. 包装变形破损　　　　　　　　　　　B. 产品低温放置
   C. 打开后无封闭长时间放置　　　　　　D. 产品被雨淋

5. 单组分聚氨酯施工出现不干或干燥慢或没强度的原因可能有（　　）。
   A. 添加了劣质稀释剂　　　　　　　　　B. 施工环境温度低，应适当延长干燥时间
   C. 天气炎热　　　　　　　　　　　　　D. 冬期施工一次性涂膜过厚

6. 聚氨酯防水涂料产品外观为（　　）。
   A. 膏体状　　　　　　　　　　　　　　B. 均匀黏稠体
   C. 无色透明体　　　　　　　　　　　　D. 无凝胶、结块
   E. 无明显颗粒状

7. 聚氨酯防水涂料物理力学性能中低温弯折性的检测包含（　　）。
   A. 无处理　　　　　　　　　　　　　　B. 水处理
   C. 碱处理　　　　　　　　　　　　　　D. 酸处理
   E. 紫外线处理　　　　　　　　　　　　F. 热处理
   J. 人工气候老化

8. 聚氨酯防水涂料物理力学性能中定伸时老化的检测包含（　　）。
   A. 无处理　　　　　　　　　　　　　　B. 水处理
   C. 碱处理　　　　　　　　　　　　　　D. 酸处理
   E. 紫外线处理　　　　　　　　　　　　F. 加热老化
   J. 人工气候老化

9. 聚氨酯防水涂料在试验过程中，物理力学性能中拉伸强度保持率的检测包括（　　）。

</td></tr>
</table>

项目名称	项目编号	小组号	组长姓名	学生姓名
涂料防水施工				

<table>
<tr><td rowspan="1">学生自主
任务实施</td><td>

A. 无物理   B. 水处理

C. 碱处理   D. 酸处理

E. 紫外线处理   F. 热处理

G. 人工气候变化

10. 聚氨酯防水涂料的涂膜定伸时老化的结果处理，记录每个试件有无(　　　)。

    A. 变形   B. 翘曲

    C. 裂纹   D. 流淌

    E. 粉化

11. 聚氨酯防水涂料的涂膜低温弯折性试验结果评定时，应记录试件表面(　　　)。

    A. 收缩   B. 折皱

    C. 开裂   D. 裂纹

12. 聚合物乳液建筑防水涂料产品搅拌后(　　　)。

    A. 无结块   B. 膏状体

    C. 呈均匀状态   D. 无色透明体

13. 聚合物乳液建筑防水涂料标准物理力学性能中，拉伸性能的检测包含(　　　)。

    A. 无处理   B. 盐处理

    C. 酸处理   D. 热处理

    E. 紫外线处理   F. 碱处理

    G. 人工气候处理

14. 聚合物乳液建筑防水涂料在制涂膜时，模具内可用作为脱膜剂的有(　　　)。

    A. 石蜡松香液   B. 硅油

    C. 液体石蜡   D. 光滑塑料膜

</td></tr>
<tr><td></td><td>

四、简答题

1. 简述 JSA-101 施工流程。

2. 涂膜出现气孔或者气泡如何处理？

3. 涂膜出现起鼓现象如何处理？

4. 涂膜出现破损如何处理？

5. 涂膜出现针孔的原因是什么？

6. 涂膜出现阴角开裂如何处理？

7. 涂膜出现流挂如何处理？

</td></tr>
<tr><td></td><td>

五、工程实践

查找涂料防水施工专项方案，掌握涂料防水专项方案编制的主要内容。

</td></tr>
</table>

续表

项目名称	项目编号	小组号	组长姓名	学生姓名
涂料防水施工				

完成任务总结（做一个会观察、有想法、会思考、有创新、有工匠精神的学生）	一、学习中存在的问题和解决方案
	二、收获与体会
	三、其他建议

模块 4　任务评价单

小组		学号		姓名		日期		成绩	
职业能力评价	分值	自评（10%）		组长评价（20%）			教师综合评价（70%）		
完成任务思路	5								
信息搜集情况	5								
团结合作	10								
练习态度认真	10								
考勤	10								
讲演与答辩	35								
按时完成任务	15								
善于总结学习	10								
合计评分	100								

Chapter 05

模块 5

金属屋面防水维修

学习目标

掌握金属屋面维修方案；

掌握满粘维修、无穿孔工艺施工工艺流程及施工要点；

掌握 SBS 防水细部节点施工要点；

了解满粘法维修施工方案编制内容；

能够指导金属屋面维修施工及会质量检测与控制；

通过金属屋面维修构造的学习，培养学习者节能环保、绿色施工的职业精神。

思维导图

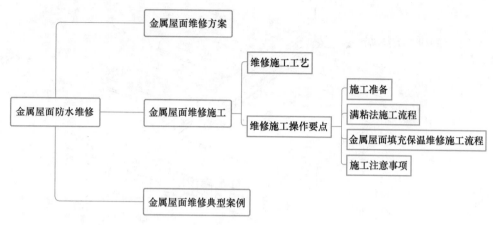

任务情境

　　钢结构压型钢板复合保温屋面，目前出现多处渗漏情况，根据现场踏勘情况及多年防水施工经验进行分析，屋面渗漏问题如下：压型钢板耐腐蚀涂层失效后，钢板受雨水及环境影响部分锈蚀，出现不同程度的破损，原屋面压型钢板采用搭接方式，使用暗钉固定，钢板受温度影响热胀冷缩后导致压型钢板搭接部位张口出现缝隙，雨水从破损及搭接缝隙进入屋面，造成屋面渗漏；特别是在天沟与屋脊等周边部位，钢板泛水或收边件的板厚较薄，刚度较小，在风荷载作用下很容易发生变形造成渗漏。

任务 5.1　金属屋面维修方案

　　目前厂房金属屋面体系出现渗漏情况，需要进行整体维修。解决此类屋面的防水问题时，采用以下方案对原屋面进行处理，如图 5-1 所示。

　　维修做法说明：

　　1. 原屋面板存在锈蚀部分，需由专业人员对屋面压型钢板锈蚀部分进行打磨处理，将锈蚀部分全部清理干净，钢板破损应更换或补齐。

　　2. 维修需要专用背衬型 TPO 具有更好的柔韧性，可更好地适应基层变形。背衬型 TPO 防水卷材通过 TPO 专用胶粘剂紧密粘接在钢板面层上，卷材搭接缝处进行热风焊接，接缝牢固可靠。

　　3. 天沟部位超出天沟边缘的彩钢板沿天沟边裁齐，以便于 TPO 防水卷材和保温层的铺设与固定。

　　4. 原彩钢屋面系统采光带形式（与原上层钢板连接在一起），需提醒业主方拟采用 TPO 卷材整体铺设，室内改为采用内部照明的方式。

　　由于维修过程中施工人员踩踏与材料搬运会加剧原屋面渗漏，无可避免在施工中对原

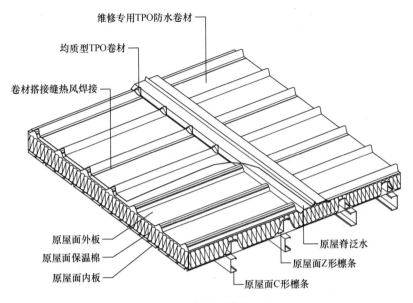

图 5-1　金属屋面维修方案

屋面防水造成影响，故业主方应配合在施工过程中做好室内设备及用品的防护工作，避免造成不必要的损失。

任务 5.2　金属屋面维修施工

5.2.1　维修施工工艺

施工准备→基层清理→铺设 TPO 防水卷材并满粘固定→热风焊接卷材→细部节点的处理。

二维码5-1 满粘
金属屋面维修
施工视频

二维码5-2 金属
屋面填充保温
维修施工视频

5.2.2　维修施工操作要点

1. 施工准备

（1）材料准备

主材有背衬型维修专用 TPO 防水卷材，用于大面积施工；均质型 TPO 防水卷材，用于细部节点处理。不要破坏 TPO 卷材原始包装，并贮存在阴凉处，并加以覆盖。辅材主

图 5-2　滚压热空气焊机

要有收口压条、TPO 专用清洗剂、TPO 专用胶粘剂、TPO 专用密封胶等。

（2）施工机具准备

施工前应准备齐全必要的施工机具，确保施工机具完好。

1）手持热空气焊接机

用手持热空气焊接 TPO 卷材搭接边和泛水。手持硅酮橡胶辊与焊接机结合使用，施加压力把受热的卷材表面熔合在一起。

2）硅酮辊

20mm 和 40mm 宽两种硅酮辊，用来滚压热空气焊接接缝。如图 5-2 所示。

（3）技术准备

1）满粘构造

① 满粘构造做法。维修专用型热塑性聚烯烃（TPO）防水卷材，采用 TPO 卷材专用树脂，辅以阻燃剂、光屏蔽剂、抗氧剂、稳定剂等经过共挤制成片材，并在卷材下表面复合聚酯无纺布制成。构造层次为维修专用 TPO 防水卷材与原屋面压型钢板，如图 5-3 所示。

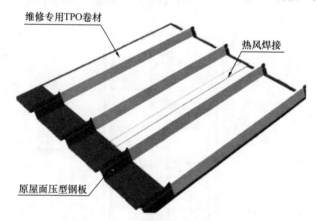

图 5-3　金属屋面满粘构造

② 无穿孔工艺构造

金属屋面填充保温维修（无穿孔工艺）如图 5-4 所示。构造层次为：增强型 TPO 防水卷材、防火板、填充保温板条、原屋面压型钢板。

2）细部节点处理

TPO 防水卷材收口处应用专业收口压条、收口螺钉固定，通用密封胶密封。针对细部节点，如阴阳角、女儿墙、水落口等部位，需根据现场工程实际情况，由施工项目部技术人员及时与设计单位、业主等相关单位确定细部做法，并获得相关方的认可。几种常规做法如下：

① 女儿墙节点构造：女儿墙采用全包 TPO 防水卷材方案，天沟采用无穿孔固定，如图 5-5 所示。

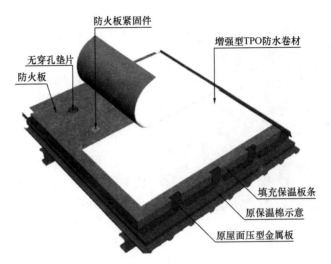

图 5-4　金属屋面填充保温维修（无穿孔工艺）

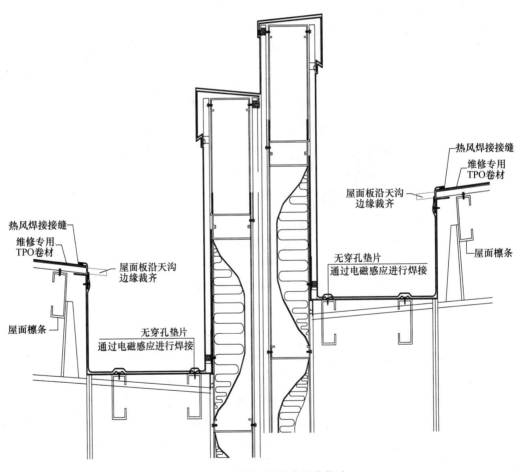

图 5-5　女儿墙细部节点构造做法

② 山墙节点构造：采用外翻收口，收口处应打密封胶，如图 5-6 所示。

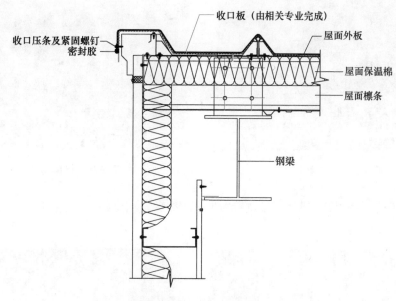

图 5-6　山墙节点构造做法

③ **避雷节点构造**：原屋面避雷支座较低，进行包裹，泛水高度按照现场避雷的形式，进行必要的收口。考虑避雷直径较小，金属箍如无法满足施工，可采用铁丝绕扎收口，如图 5-7 所示。

④ **天窗节点构造**：天窗采用全包方案，如图 5-8 所示。在施工前加强对屋面钢板支撑的牢固性，原设计单位进行复核屋面荷载及安全性等。

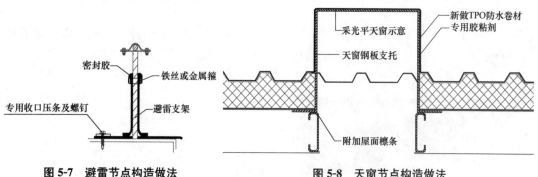

图 5-7　避雷节点构造做法　　　　图 5-8　天窗节点构造做法

（4）天气条件

施工应在良好气候条件下进行，不应在雨、霜和五级及其以上大风天气下施工。

2. 满粘法施工流程

（1）首先进行基层处理，扫除屋面的杂物，若屋面钢板存在锈蚀，需先进行除锈，除锈完毕后，根据需要可涂刷防锈漆，如图 5-9、图 5-10 所示。

图 5-9　除锈

图 5-10　涂刷防锈漆

（2）在维修专用 TPO 背面涂刷胶粘剂，如图 5-11 所示。在压型钢板表面涂刷胶粘剂，如图 5-12 所示。

图 5-11　涂刷胶粘剂（一）

图 5-12　涂刷胶粘剂（二）

（3）晾胶，待胶粘剂手触不粘后，即可进行粘接。粘接卷材时注意顺钢板波形进行粘接，避免将空气压入卷材内部，形成鼓包，如图 5-13 所示。卷材长边搭接缝留在压型钢板波谷内，长边搭接不小于 80mm，如图 5-14 所示。

图 5-13　粘接卷材

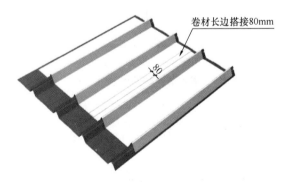

图 5-14　卷材长边搭接

（4）长边搭接使用自动焊机焊接，如图 5-15 所示。短边采用对接连接，对接缝上覆盖 150mm 宽均质 TPO 覆盖条，如图 5-16 所示。

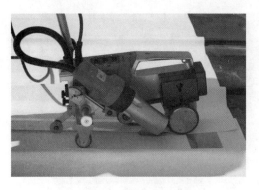

图 5-15　焊接卷材长边

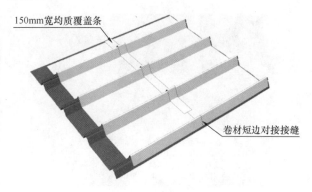

150mm宽均质覆盖条

卷材短边对接接缝

图 5-16　卷材短边搭接

（5）短边搭接使用手持焊枪焊接，如图 5-17 所示。大面卷材在屋脊盖板处断开，根据屋脊盖板宽度裁剪合适的均质卷材进行铺贴，如图 5-18 所示。

图 5-17　焊接覆盖条

图 5-18　涂刷胶粘剂（三）

（6）卷材粘贴后，沿钢板波峰位置将卷材剪口，如图 5-19 所示。将裁剪过的卷材与波谷卷材焊接，如图 5-20 所示。

图 5-19　卷材剪口

图 5-20　卷材焊接

（7）裁一块均质 TPO 卷材，盖住波峰的裁切口处，使用焊枪焊接牢靠，有效焊接宽度≥25mm，如图 5-21 所示。天沟处需要将伸入天沟内的压型钢板切除，切至与天沟平齐，然后满粘 TPO 卷材。注：天沟用 TPO 卷材封闭后，应增加溢水口，如图 5-22 所示。

图 5-21　焊接补丁　　　　　　　　　　　图 5-22　天沟处理

3. 金属屋面填充保温维修（无穿孔工艺）施工流程

（1）清理基层后，在压型钢板波谷内填充保温板条，如图 5-23 所示。在填充保温条的钢板表面铺设防火板，如图 5-24 所示。

图 5-23　填充保温板条　　　　　　　　　　图 5-24　铺设防火板

（2）在防火板表面弹出紧固件的定位线如图 5-25 所示。按图示方式用普通垫片和无穿孔垫片固定防火板。注意普通垫片应使用专用螺钉固定于原屋面钢板上，无穿孔垫片应使用檩条钉穿透原屋面钢板固定于屋面檩条，并穿入檩条至少 20mm，当无穿孔垫片和普通垫片的位置重叠时，取消此处的普通垫片，安装无穿孔垫片，如图 5-26～图 5-28 所示。

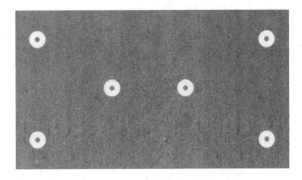

图 5-25　弹线图　　　　　　　　　　　　图 5-26　垫片固定方式

图 5-27　尼龙垫片图

图 5-28　无穿孔垫片

（3）铺设 TPO 防水卷材，卷材长边搭接不小于 80mm，短边搭接不小于 80mm，如图 5-29 所示。使用无穿孔焊机将卷材下表面和无穿孔垫片进行电感焊接，并使用冷却器镇压冷却，每个冷却器的镇压时间不少于 45s，使用热风焊机焊接卷材的搭接边，如图 5-30 所示。

图 5-29　铺设防水层图

图 5-30　无穿孔焊接

4. 施工注意事项

（1）因为白色卷材表面的反射率很高，工人施工时应戴太阳镜（过滤紫外线）保护眼睛。

（2）业主应在女儿墙较低的屋面周边应设置安全防护，确保施工安全。

（3）卷材表面潮湿时发滑，应小心行走，避免摔倒。

（4）卷材清洗剂、胶粘剂等应严格按说明书的要求贮存和使用。

（5）螺钉、收口压条等金属物件不应随意丢弃在卷材上，避免划伤卷材。

（6）应尽量避免在铺设好的屋面行走、拖拉或贮存物品，避免破坏施工完毕的屋面。

（7）卷材在屋面不应集中堆放，避免局部荷载过大造成屋面基层变形。

（8）施工前应做好排水措施，确保雨水能及时排走。

（9）每个工作日结束时应对已施工完毕的屋面采取封闭措施。

附录　金属屋面维修典型案例

附录1　金属屋面满粘维修（图5-31）

项目名称：长春一汽国际物流有限公司DC库房屋面防水改造工程

施工面积：27000m²

项目特点：屋面伸缩缝较多，节点处理难度大

(a)　(b)　(c)　(d)

图5-31　金属屋面满粘维修

(a) DC库屋面（一）；(b) DC库屋面（二）；(c) DC库屋面（三）；(d) DC库屋面（四）

附录2　无穿孔机械固定维修（图5-32）

项目名称：格力电器（石家庄）有限公司成品一屋面维修项目

施工面积：23000m²

项目特点：需要修复屋面防水和保温系统

图 5-32　无穿孔机械固定维修

（a）格力屋面（一）；（b）格力屋面（二）；（c）格力屋面（三）；（d）格力屋面（四）

检查与评价

二维码5-3 模块五
任务单答案

模块 5　任务学习单

项目名称	项目编号	小组号	组长姓名	学生姓名
金属屋面维修施工				

| 12 | 一、单项选择题

1. 金属屋面维修采用满粘法施工时长边搭接使用自动焊机焊接，短边采用对接连接，对接缝上覆盖（　　）mm 宽均质 TPO 覆盖条。
　　A. 100　　　　　　B. 120　　　　　　C. 80　　　　　　D. 150

2. 金属屋面维修采用满粘法施工时，铺设 TPO 防水卷材，卷材长边搭接不小于（　　）mm，短边搭接不小于（　　）mm。
　　A. 60，100　　　B. 70，120　　　C. 80，120　　　D. 80，150

3. 金属屋面维修采用满粘法施工时裁一块均质 TPO 卷材，盖住波峰的裁切口处，使用焊枪焊接牢靠，有效焊接宽度≥（　　）mm。
　　A. 20　　　　　　B. 25　　　　　　C. 30　　　　　　D. 40

4. 注意普通垫片应使用专用螺钉固定于原屋面钢板上，无穿孔垫片应使用檩条钉穿透原屋面钢板固定于屋面檩条，并穿入檩条至少（　　）mm。
　　A. 20　　　　　　B. 30　　　　　　C. 40　　　　　　D. 25 |

项目名称	项目编号	小组号	组长姓名	学生姓名
金属屋面维修施工				

5. 使用无穿孔焊机将卷材下表面和无穿孔垫片进行电感焊接，并使用冷却器镇压冷却，每个冷却器的镇压时间不少于(　　)s。

    A．25　　　　　　B．30　　　　　　C．40　　　　　　D．45

6. 施工应在良好气候条件下进行，不应在雨、霜和(　　)级及其以上大风天气下施工。

    A．三　　　　　　B．四　　　　　　C．五　　　　　　D．六

7. 使用无穿孔焊机将卷材下表面和无穿孔垫片进行电感焊接，并使用冷却器镇压冷却，每个冷却器的镇压时间不少于(　　)s，使用热风焊机焊接卷材的搭接边。

    A．20　　　　　　B．30　　　　　　C．40　　　　　　D．45

8. 下列有关屋面坡度和防水等级的叙述中，不合规定的是(　　)。

    A．平瓦屋面坡度为≥20%，适用于Ⅱ级防水

    B．油毡瓦屋面坡度为≥50%，适用于Ⅰ级防水

    C．金属板材屋面坡度为≥10%，适用于Ⅱ级防水

    D．材料找坡卷材防水屋面，坡度宜为2%，适用于Ⅰ-Ⅳ级防水

9. 屋面防水等级为(　　)级的防水层，宜选用合成高分子防水卷材、高聚物改性沥青防水卷材、金属板材、合成高分子防水涂料、细石防水混凝土等材料。

    A．Ⅰ　　　　　　B．Ⅱ　　　　　　C．Ⅲ　　　　　　D．Ⅳ

10. 卷材防水屋面、涂膜防水屋面、刚性防水屋面和瓦屋面所划分的分项工程中都包括(　　)。

    A．保温层　　　B．找平层　　　C．金属板材屋面　　　D．细部构造

11. 关于金属板屋面铺装相关尺寸的说法，错误的是(　　)。

    A．金属板屋面檐口挑出墙面的长度不应小于100mm

    B．金属板伸入檐沟、天沟内的长度不应小于100mm

    C．金属泛水板与突出屋面墙体的搭接高度不应小于250mm

    D．金属屋脊盖板在两坡面金属板上的搭盖宽度不应小于250mm

12. 既为防水材料又兼为屋面结构的是(　　)。

    A．金属屋面　　B．阳光板　　　C．混凝土屋面瓦　　D．膜材

13. 维修专用型热塑性聚烯烃（TPO）防水卷材，采用 TPO 卷材专用树脂，辅以阻燃剂、光屏蔽剂、(　　)、稳定剂等经过共挤制成片材，并在卷材下表面热复合聚酯无纺布制成。

    A．抗氧剂　　　B．助氧剂　　　C．增氧剂　　　D．防腐剂

14. 在天沟与屋脊等周边部位，钢板泛水或收边件的板厚较薄，(　　)较小，在风荷载作用下很容易发生变形造成渗漏。

    A．强度　　　　B．刚度　　　　C．稳定性　　　　D．局部稳定

左侧列编号：12

二、判断对错

1. 满粘法施工时卷材长边搭接缝留在压型钢板波谷内，长边搭接不小于80mm。（　　）

2. 铺设 TPO 防水卷材，卷材长边搭接不小于80mm，短边搭接不小于100mm。（　　）

3. 每个工作日结束时应对已施工完毕的屋面采取封闭措施。（　　）

4. 业主应在女儿墙较低的屋面周边设置安全防护，确保施工安全。（　　）

5. 因为白色卷材表面的反射率很高，工人施工时应戴太阳镜（过滤紫外线）保护眼睛。（　　）

6. 螺钉、收口压条等金属物件应随意丢弃在卷材上。（　　）

7. 严格执行国家及上海市有关消防的法规、管理条例、办法，配合总承包方的消防安排，采取一切可能的预防火灾的措施。（　　）

8. 阴阳角处理：阴阳角处以焊接法增铺附加卷材，附加卷材按各处形状折叠、裁剪后焊接。（　　）

续表

项目名称	项目编号	小组号	组长姓名	学生姓名
金属屋面维修施工				

9. 维修施工应在良好气候条件下进行，不应在雨、霜和五级及其以上大风天气下施工。　　　（　　）

10. 金属板材防水层屋面施工，当天沟用金属板材制作时，应伸入屋面金属板材下不小于 50mm。　（　　）

11. 金属板材屋面适用于 I- Ⅲ 级屋面防水等级。　　　（　　）

12. 主材有背衬型维修专用 TPO 防水卷材，用于大面施工；均质型 TPO 防水卷材，用于细部节点处理。　　　（　　）

13. 山墙节点采用 TPO 防水卷材收口处，应采用外翻收口，收口处应打密封胶。　　　（　　）

14. 满贴法进行基层处理，扫除屋面的杂物，若屋面钢板存在锈蚀，可以根据需要可涂刷防锈漆。

　　　（　　）

三、多项选择题

1. 粘构造做法维修专用型热塑性聚烯烃（TPO）防水卷材，采用 TPO 卷材专用树脂，辅以光屏蔽剂（　　）等经过共挤制成片材，并在卷材下表面热复合聚酯无纺布制成。

　　A. 助燃剂　　　　　B. 抗氧剂　　　　　C. 阻燃剂　　　　　D. 稳定剂

2. 金属屋面维修时所用保温材料有（　　）。

　　A. XPS　　　　　B. EPS　　　　　C. 岩棉　　　　　D. PUR

3. 每台用电设备均有各自得专用开关箱，实行"（　　）"制，开关箱内禁用同一个开关器直接控制 2 台及 2 台以上用电设备（含插座）。

　　A. 一机　　　　　B. 一闸　　　　　C. 一漏　　　　　D. 一箱

4. 配备足够的消防灭火器材，配备的器材要做到（　　）的完好率为 100%。消防器材要设在易发生火灾隐患或位置明显处。

　　A. 专人保管　　　B. 专人维修　　　C. 定期检查　　　D. 保证器材

5. 铺贴卷材时，应采用满粘法的部位有（　　）。

　　A. 屋面立面　　　　　　　　　　　B. 屋面大坡面

　　C. 屋面檐口 800mm 范围内　　　　D. 屋面檐口 500mm 范围内

　　E. 有重物覆盖的屋面

6. 特别重要或对防水有特殊要求的建筑物，屋面防水层宜选用（　　）等材料。

　　A. 三毡四油沥青防水卷材　　　　　B. 高聚物改性沥青防水卷材

　　C. 高聚物改性沥青防水涂料　　　　D. 合成高分子防水涂料

　　E. 金属板材

7. 当利用建筑物金属屋面、（　　）等金属物作闪接器时，建筑物金属屋面、旗杆、铁塔等金属物的材料、规格应符合有关规定。

　　A. 旗杆　　　　　　　　　　　　　B. 铁塔

　　C. 管材　　　　　　　　　　　　　D. 塑料管

　　E. 透气管

8. 下列关于屋面最小坡度的要求，正确的有（　　）。

　　A. 卷材防水屋面 1：50　　　　　　B. 压型钢板屋面 1：7

　　C. 刚性防水屋面 1：50　　　　　　D. 波形金属瓦屋面 1：5

　　E. 波形石棉瓦屋面 1：7

9. 金属屋面填充保温维修（无穿孔工艺），构造层次为（　　）。

　　A. 增强型 TPO 防水卷材　　　　　B. 防火板

　　C. 填充保温板条　　　　　　　　　D. 原屋面压型钢板

10. （　　）mm 宽两种硅酮辊，用来滚压热空气焊接接缝。

　　A. 20　　　　　　B. 30　　　　　　C. 40　　　　　　D. 50

12

项目名称	项目编号	小组号	组长姓名	学生姓名
金属屋面维修施工				

	四、简答题
12	1. 简述金属屋面维修施工工艺流程。 2. 金属屋面维修施工时材料准备都有哪些？ 3. 简述雨天现场材料及人员安全措施。 4. 简述檐沟、排水沟沿边处理。 5. 厂房金属屋面体系出现渗漏情况，要采用什么方案进行处理？
	五、工程实践 查找金属防水维修施工专项方案，掌握金属防水维修专项方案编制的主要内容。
完成任务总结（做一个会观察、有想法、会思考、有创新、有工匠精神的学生）	一、学习中存在的问题和解决方案
	二、收获与体会
	三、其他建议

模块 5 任务评价单

小组		学号		姓名		日期		成绩	
职业能力评价	分值	自评（10%）		组长评价（20%）			教师综合评价（70%）		
完成任务思路	5								
信息搜集情况	5								
团结合作	10								
练习态度认真	10								
考勤	10								
讲演与答辩	35								
按时完成任务	15								
善于总结学习	10								
合计评分	100								

Chapter 06

模块6

宜顶装配式屋面系统施工

 学习目标

掌握宜顶装配式屋面系统的构造层次；

掌握宜顶装配式屋面系统施工工艺流程及施工要点；

掌握宜顶装配式屋面系统细部节点构造做法；

熟悉宜顶装配式屋面系统与传统屋面的创新点；

了解掌握宜顶装配式屋面系统细部节点施工方案编制内容；

能够指导掌握宜顶装配式屋面施工及会质量验收；

通过宜顶装配式屋面系统的优点分析，培养学习者开拓创新的精神。

思维导图

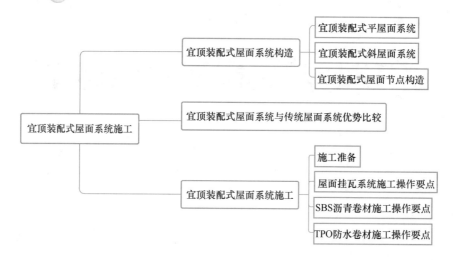

任务情境

屋面是建筑物最复杂、最重要的围护系统。其重要性体现在建筑屋面是雨、雪、日照最主要的受体，集结构围护、保温隔热、防水防潮于一体。

基于采用可靠性分析设计，以最大程度的降低渗漏水概率、提高设计使用寿命、维护结构功能为基本出发点，设计了集防水、保温、防护、功能为一体化的宜顶（EDEE）工业化装配式屋面系统，装配式系统具有功能完善、体系重量轻、施工速度快、不受季节影响，可拆卸、易检查、易维护、持久耐用、高效节能等特点；并可实现多种屋面空间综合利用的统一。宜顶（EDEE）工业化装配式屋面系统系依托轻质的高强度保温材料、先进的紧固件，以及完善的系统配件，能够在多种结构基层上实现各种屋面体系的整体工业化装配。

根据各构造层的功能特点，将 EDEE 宜顶屋面系统分为定型体系和用户可选体系。定型体系明确了屋面结构基层至保温层既定的构造形式，包含基体防水保障系统、层间排水系统和保温系统这三个必需的子系统项目；用户可选体系则提供了用户根据自身对系统保障需求、审美要求、造价控制等因素进行自主选择的多种子系统项目，包含衬垫防水系统、滞水型雨水收集压铺系统和景观压铺系统三个子系统项目。

宜顶（EDEE）屋面系统构造层次包括基体防水保障系统、层间排水系统、保温系统、衬垫防水系统、滞水型雨水收集压铺系统和景观压铺系统，其构造形式如图 6-1 所示。

图 6-1 宜顶屋面构造层次图

二维码6-1 宜顶装配式屋面系统介绍视频

任务 6.1 宜顶装配式屋面系统构造

"双层设防"宜顶（EDEE）屋面系统，主要有装配式平屋面系统构造、斜屋面系统构造。

6.1.1 宜顶装配式平屋面系统

宜顶（EDEE）平屋面系统构造层次主要有六个，包括基体防水保障系统、层间排水系统、保温系统、衬垫防水系统、滞水型雨水收集压铺系统和景观压铺系统。工业化装配式平屋面系统构造层次设计方案如图 6-2 所示。

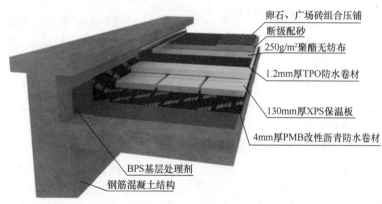

卵石、广场砖组合压铺
断级配砂
250g/m²聚酯无纺布
1.2mm厚TPO防水卷材
130mm厚XPS保温板
4mm厚PMB改性沥青防水卷材
BPS基层处理剂
钢筋混凝土结构

图 6-2 工业化装配式平屋面系统构造层次

二维码6-2 宜顶装配式平屋面系统介绍视频

1. 工业化装配式平屋面系统构造层次、功能及选材

（1）基体防水保障系统

该子系统包含：结构基层修补加强、基层处理剂及改性沥青防水层。

1）钢筋混凝土结构层修补加强

钢筋混凝土结构，随施工抹平，并可采用打磨、剔凿的方式并配合 EDEE 专用基层修补料对凹凸不平的屋面进行处理。

2）基层处理剂

涂刷高粘结 BPS 基层处理剂，用量 $0.5kg/m^2$（分两次喷涂），与防水层形成满粘结体系，保证防水层与基层衔接更加紧密。

3）改性沥青防水层

选用 4mm 厚 SBS 高聚物改性沥青防水卷材，卷材直接热熔满粘于坚实的混凝土结构上，高效防水防护，防水可靠度大于 98.8%，对混凝土结构的防水保护设计寿命期为 30 年，实际使用寿命期可达 50 年以上。

SBS 高聚物改性沥青防水卷材有良好的耐高温和低温、耐老化、高弹性等性能，在刚性防水的面层上满粘柔性防水材料 SBS，采用包裹方式，刚柔复合，取得效果更好。同时 SBS 以玻纤毡或聚酯毡等增强材料为胎体，加入 10%～15% 的 SBS 热塑性弹性体，使之具有橡胶和塑料的双重特性。在常温下，具有橡胶状弹性，在高温下又像塑料那样具有熔融流动性能，提高了卷材的弹性和耐疲劳性，在满粘的情况下，大大降低了"零延伸断裂"破坏情况发生。

图 6-3 雨虹专利落水口

（2）保温及层间排水系统

采用阻燃型保温材料—挤塑聚苯乙烯泡沫塑料（XPS）保温板，该保温系统采用 130mm 厚三层铺设，XPS 保温板压缩强度 ≥150kPa，吸水率 ≤1.5%，燃烧性能为 B_1 级。

保温系统中下层保温板分格设置，并结合专利产品双层排水组件形成层间排水（汽）系统，确保寿命期内高效保温，采用宜顶（EDEE）专用双层排水直式落水口组件，可实现径流和渗流的双层排水，保证了屋面系统的排水能力，如图 6-3 所示。

为 EDEE 专用双层排水直式水落口组件，可实现径流和渗流的双层排水，保证了屋面系统的排水能力，如图 6-4 所示。

（3）衬垫防水系统

该衬垫防水系统选择的是具备完全防水能力的增强型热塑性聚烯烃（TPO）高分子防水卷材，TPO 防水卷材具有优异的耐候性、宽广的环境适应性，且力学性能优异，其中不含增塑剂，属于绿色环保防水材料。此系统与基体防水保障系统配合，对屋面形成双重保护。

TPO 高分子卷材厚度为 1.2mm，采用空铺压顶施工工法，卷材搭接边采用热风焊接。聚烯烃（TPO）高分子防水卷材物理性能检验满足《高分子防水材料》GB 18173 的需求。TPO 防水卷材综合了 EPDM 和 PVC 的性能优点，具有前者的耐候能力、低温柔度和后者的可焊接特性。这种材料与传统的塑料不同，在常温显示出橡胶高弹性，在高温下又能像塑料一样成型。对植物根系的穿刺具有很强的抵抗力，同时没有氯元素、重金属或是对植

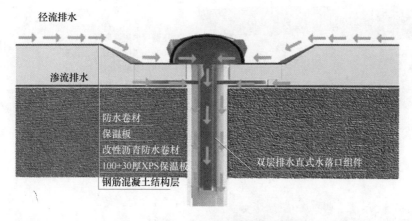

图 6-4　专用双层排水直式水落口组件

物根系有害的成分，这使得屋顶花园更加环保，具有更好的生态效果。符合《种植屋面工程技术规程》JGJ 155—2013 标准。且拉伸强度高、伸长率大，施工方法为空铺压顶不存在"零延伸断裂"情况。

（4）滞水型雨水收集压铺系统

此子系统由聚酯无纺布（过滤）和断级配人工砂铺广场砖、少量卵石隔离带构成，对衬垫防水系统提供抗风揭保护，以及上人活动保护，同时还具备雨水错峰滞留、收集利用的功能，延缓屋面径流排水的峰显时间，减小排水压力。

选用的断级配人工砂为粗砂，有利于雨水的渗透和排除；聚酯无纺布单位面积质量为 $250g/m^2$。

（5）景观压铺系统

此子系统可按需求进行广场砖、绿化种植、卵石及屋面小品等自选组合，实现多种屋面功能的协调统一；此子系统由客户自行设计、施工，但屋面不可进行现浇混凝土工艺，以免影响屋面可维修性能。

几种典型的宜顶平屋面系统如图 6-5 所示。

1—压铺保护层（卵石、铺块材）
2—300g/m²聚酯无纺布隔离层
3—双层XPS挤塑聚苯乙烯保温层
4—防水卷材层
5—0.5kg/m²BPS基层处理剂
6—混凝土结构基层

(a)

图 6-5　宜顶平屋面构造典型做法

（a）宜顶倒置保温屋面

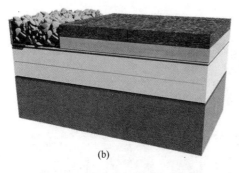

1—压铺保护层（卵石、铺块材）
2—300g/m²聚酯无纺布隔离层
3—HDPE衬垫防水层
4—双层XPS挤塑聚苯乙烯保温层
5—防水卷材层
6—0.5kg/m²BPS基层处理剂
7—混凝土结构基层

(b)

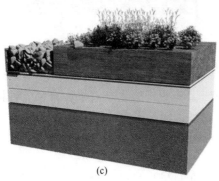

1—压铺保护层（卵石、铺块材或种植压铺层）
2—300g/m²聚酯无纺布隔离层
3—HDPE衬垫防水层
4—双层XPS挤塑聚苯乙烯保温层
5—防水卷材层
6—≥0.5kg/m²BPS基层处理剂
7—混凝土结构基层

(c)

图 6-5　宜顶平屋面构造典型做法（续）
(b) 宜顶有两道防水设防屋面；(c) 宜顶双层设防屋面系统

6.1.2　宜顶装配式斜屋面系统

1. 工业化装配式平屋面系统构造层次、功能及选材

坡屋面系统构造层次设计方案如图 6-6 所示。

（1）钢筋混凝土结构板：作为紧固件持力层的钢筋混凝土结构基层，其混凝土须符合《混凝土结构设计规范》GB 50010 的要求，且强度应高于 C20，施工中应边浇筑、边找平，保证建筑构造要求的几何形状和尺寸。

（2）隔汽防潮层：装配式坡屋面系统需设置隔汽层，采用 PMC-421 防水灰浆，施工于结构楼板上，厚度为 2mm，要求厚度均一，表面平整。

（3）保温层：本系统采用高强度 XPS 挤塑聚苯板为保温材料，容重不应小于 32kg/m³，压缩强度应大于等于 150kPa，燃烧性能不应小于 B_2 级，采用机械固定方式安装于屋面板之上（厚度可按照实际情况进行调整）。

（4）覆盖层：在保温层上采用 8mm 厚硅酸盖板进行覆盖，采用机械固定方式安装，持力层为钢筋混凝土楼板，既为防水层的铺贴提供了坚实的基层、保护了保温层，又起到很好的防火效果。

（5）防水层：采用 3mm 厚 SAM-930 自粘沥青防水卷材，粘贴于硅酸盖板之上，与屋面瓦相配合形成屋面系统双重防水、防护。

（6）面层瓦系统：此系统包括顺水条、挂瓦条及面层瓦，本系统采用的屋面块瓦可为

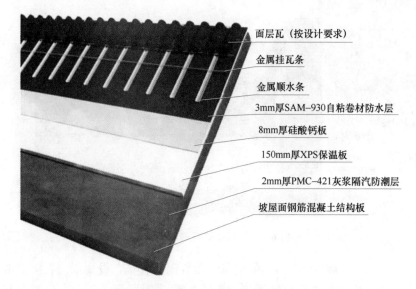

面层瓦（按设计要求）

金属挂瓦条

金属顺水条

3mm厚SAM-930自粘卷材防水层

8mm厚硅酸钙板

150mm厚XPS保温板

2mm厚PMC-421灰浆隔汽防潮层

坡屋面钢筋混凝土结构板

图 6-6　坡屋面系统构造层次

陶瓦、水泥瓦或其他材质的波纹瓦等能够采用挂钩、栓绑的块瓦材。采用金属顺水条、高强自攻耐腐蚀自密螺钉将保温板固定于楼板基层上，顺水条竖向设置，间距 500～600mm，螺钉间距依据荷载计算确定，但不低于下述规定：

1）缓坡屋面（$\alpha \leqslant 35°$）的螺钉间距不得大于 500mm；

2）陡坡屋面（$75° \leqslant \alpha > 35°$）的螺钉间距不得大于 300mm。

采用金属挂瓦条挂瓦，挂瓦条固定于顺水条之上，挂瓦条间距依据所选择瓦型要求确定。

面层瓦的固定措施需要依据建设地点是否位于地震、大风地区，以及屋面的陡缓做出适当调整：

1）地震或大风地区，全部瓦材采用栓固固定措施；

2）非地震或大风地区，屋面坡度 $i \geqslant 0.5$ 时，全部瓦材采用栓固固定措施，当屋面坡度 $i < 0.5$ 时，檐口（沟）处的两排瓦、屋脊两侧各一排，沿山墙处一排瓦均应采取栓固固定措施。

瓦材与挂瓦条的栓固固定措施为采用双股 18 号铜丝将瓦与金属挂瓦条捆绑。

6.1.3　宜顶装配式屋面节点构造

屋面防水采用防排结合防水进行设防，做到"堵""疏""排""导"相结合。基于屋面雨水径流处理要求，宜顶设计屋面节点解决屋面雨水径流问题。

1. 选择好屋面顶层保护和景观压铺系统，主要为卵石、广场砖、绿化种植或屋面小品元素。采用广场砖压铺，并配合少量卵石或碎石形成隔离带，一般为粒径 20～30mm，保障雨水渗透快捷。也可在上述基本景观压铺体系上进行调整，实现多种屋面功能的协调统一，如图 6-7 所示。

2. 做好宜顶工业化屋面排水坡度设置，便于雨水径流快速疏导。坡度采用两种方式处理，一种是结构找坡，一般用于坡度比较大的屋面，另一种是材料找坡。宜顶平屋面的

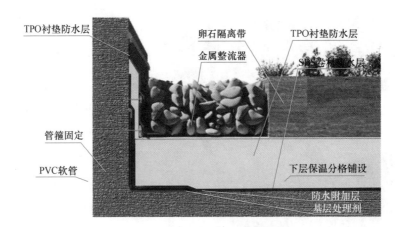

图 6-7 卵石或碎石形成隔离带

坡度一般为 2‰～3‰，坡度大于 5‰ 的坡屋面做好雨水收集，设集水沟收集雨水。

3. 选择好滞水型雨水收集压铺系统材料。一般选用聚酯无纺布（过滤）和断级配人工砂铺广场砖、少量卵石隔离带构成，选用的断级配人工砂为粗砂，有利于雨水的渗透和排除，聚酯无纺布单位面积质量为 $250g/m^2$，也可选择透水土工布宜选用无纺土工织物，质量宜为 $100～300g/m^2$。具备雨水错峰滞留、收集利用的功能，延缓屋面径流排水的峰显时间，减小排水压力，如图 6-8 所示。

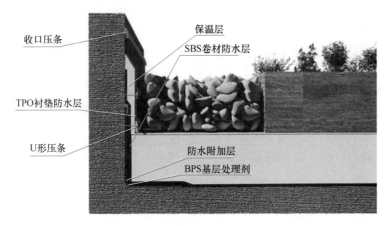

图 6-8 女儿墙径流排水沟

图 6-9 采用雨虹专利落水口

4. 衬垫防水系统选择的是具备完全防水能力的增强型热塑性聚烯经（TPO）高分子防水卷材，或者 HDPE 衬垫防水。

5. 选择利于雨水径流排水的构造，雨水快捷排出。较好的处理方式如下：

（1）采用东方雨虹专利产品，宜顶（EDEE）专用双层排水直式落水口组件，可实现径流和渗流的双层排水，保证了屋面系统的排水能力，如图 6-9 所示。

（2）处理好女儿墙边缘、落水口等处的细部构造，填充好卵石或碎石形成隔离带，一般为粒径 20～30mm，保障雨水渗透快捷。构造做法如图 6-10～图 6-13 所示。

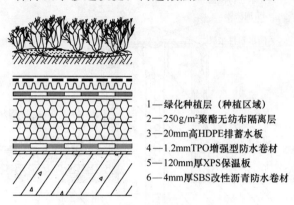

1—绿化种植层（种植区域）
2—250g/m²聚酯无纺布隔离层
3—20mm高HDPE排蓄水板
4—1.2mmTPO增强型防水卷材
5—120mm厚XPS保温板
6—4mm厚SBS改性沥青防水卷材

图 6-10　绿植屋面典型构造做法

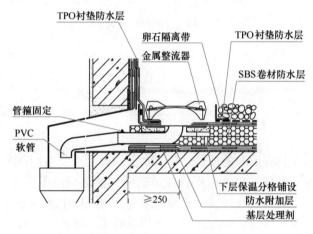

TPO衬垫防水层
卵石隔离带
金属整流器
TPO衬垫防水层
SBS卷材防水层
管箍固定
PVC软管
≥250
下层保温分格铺设
防水附加层
基层处理剂

图 6-11　带落水口女儿墙构造做法（一）

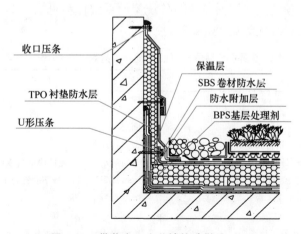

收口压条
保温层
SBS卷材防水层
防水附加层
TPO衬垫防水层
BPS基层处理剂
U形压条

图 6-12　带落水口女儿墙构造做法（二）

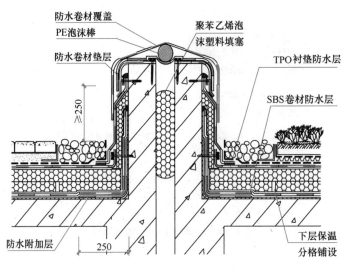

图 6-13 变形缝构造做法

（图中标注：防水卷材覆盖　PE泡沫棒　防水卷材垫层　聚苯乙烯泡沫塑料填塞　TPO衬垫防水层　SBS卷材防水层　≥250　防水附加层　250　下层保温　分格铺设）

任务 6.2 宜顶装配式屋面系统与传统屋面系统优势比较

传统屋面防水做法具有明显的缺陷，将防水层铺设于不坚实的找平层之上，难以保证长期可靠的防水功能；现场采用大量湿作业，造成资源浪费、不环保，且后期维修困难，维修、维护及更新成本极高。宜顶装配式屋面系统克服了以上传统屋面系统的缺陷，具有良好的排水、保温、耐久性能。装配式屋面干作业施工，维修、维护及更新成本低，方便快捷。"双层设防"宜顶（EDEE）屋面系统，以实现屋面防水构造体系免整体更新的持久节能屋面。斜屋面宜顶装配式屋面系统与传统屋面系统优势见表 6-1，平屋面宜顶装配式屋面系统与传统屋面系统优势见表 6-2。

斜屋面宜顶装配式屋面系统与传统屋面系统比较　　　　　　表 6-1

屋面种类	传统屋面做法	EDEE 屋面系统
屋面构造做法	8. 面层瓦 7. 木质挂瓦条（钢钉固定或砂浆粘接） 6. 木质顺水条（钢钉固定） 5. 40mm 厚 C20 细石混凝土 4. 保温层（挤塑聚苯板） 3. 防水层 2. 20mm 厚防水砂浆找平层 1. 钢筋混凝土屋面板	8. 面层瓦 7. 金属挂瓦条 6. 金属顺水条（高强自攻耐腐蚀自密螺钉固定） 5. 3mm 厚 SAM-930 自粘沥青防水卷材 4. 8mm 厚硅酸钙板 3. 150 厚 XPS 保温系统 2. 2mm 厚 PMC-421 防水灰浆 1. 钢筋混凝土屋面板

续表

屋面种类	传统屋面做法	EDEE 屋面系统
可靠度分析	1. 由于混凝土浇筑是在陡坡上进行，混凝土的振捣难以达到密实要求，因此多空隙的混凝土结构更容易吸收、滞留水分，发生渗漏水； 2. 钢筋混凝土结构上的水泥砂浆找平层很容易因养护不足而表面强度低，产生裂缝，从而影响防水层的贴附粘结强度，以及损伤防水层； 3. 构造层次复杂，施工周期长，大量使用水泥砂浆、混凝土等高耗能且严重浪费自然资源的材料，一旦出现质量问题，难以维修、维护	1. 第一道 PMC-421 防水灰浆施工于混凝土楼板之上，起到隔汽、防潮作用，同时也是一道独立防水层； 2. 第二道改性沥青自粘防水卷材粘贴于硅酸钙板之上，形成一道连续、完整的防水层，在坡屋面条件下，自密实螺钉穿透不会产生渗漏水，系统可靠度高； 3. 采用现场装配式施工，无湿作业，施工工期较短；并可采用"打开"式维修、维护或更新，简便快捷，且无资源浪费，成本低； 4. 面层瓦作为最上层防水构造，采用栓绑固定，有非常好的抗风揭、抗震动能力，避免因大风、地震等因素影响造成面瓦坠落伤人情况

平屋面宜顶装配式屋面系统与传统屋面系统比较　　　　　　　　表 6-2

屋面种类	传统屋面做法	EDEE 屋面系统
屋面构造做法	8. C20 细石混凝土保护层 7. 干铺油毡一层 6. 3+4 厚 SBS 改性沥青防水卷材 5. 1：2.5 水泥砂浆找平层 4. 轻质材料找坡层 3. 挤塑聚苯保温板 2. 隔汽层 1. 钢筋混凝土屋面板	7. 卵石、广场砖压铺层 6. 滞水型雨水收集压铺系统层 5. 1.2 厚 TPO 衬垫防水系统 4. 130 厚 XPS 保温系统 3. 4 厚超低温 SBS 高聚物改性沥青防水卷材 2. 基层处理剂 1. 钢筋混凝土屋面板
可靠度分析	1. 两道防水卷材铺设于不坚实的基层上，当基层开裂时，防水层产生构造性破坏，造成窜水渗漏，无法定位渗漏点，维修困难，此种做法可靠度低； 2. 采用细石混凝土湿作业对防水层进行保护，保护层容易开裂，且后期不易维修，维修成本高； 3. 构造层次多而复杂，大量采用湿作业，造成资源浪费、不环保	1. 基层保障系统在混凝土屋面板上涂刷一层 BPS 基层处理剂，形成第一道致密的防水涂层，具有一定的防水能力； 2. 第二道防水卷材采用热熔满粘施工工法，和水性沥青涂料配合与结构楼板紧密粘接在一起，形成高效防水防护，且无窜水层，易于定位维修； 3. 第三道衬垫防水层设置于保温层之上，对保温层进行保护，并采用面层系统对防水层进行压铺保护，系统可靠度极高； 4. EDEE 屋面系统采用现场装配式施工，无湿作业，施工工期较短；并可采用"打开"式维修、维护或更新，简便快捷

任务 6.3 宜顶装配式屋面系统施工

6.3.1 施工准备

1. 施工材料及机具准备

(1) 主材辅材：雨虹改性沥青卷材、雨虹牌 TPO 防水卷材、雨虹牌 BPS 基层处理剂、BSR-242 密封膏、挂瓦条、顺水条、收口压条及螺钉等配件；

二维码6-3 宜顶装配式平屋面系统施工视频

(2) 基层清理工具：小平铲、凿子、吹灰器、扫帚；

(3) 基层处理剂涂刷工具：喷涂机、滚动刷、毛刷；

(4) 沥青卷材铺贴工具：弹线盒、剪刀、壁纸刀、卷材展铺器；

(5) 沥青卷材热熔工具：喷灯、钢压辊、小压辊；

(6) TPO 卷材焊接工具：自动爬行焊机、手持热风焊机、压辊。

2. 施工基层条件

(1) 对基层进行清扫、清理，基层应坚实、干燥、干净、平整；

(2) 在转角、阴阳角、平立面交接处应抹成圆弧，圆弧半径不小于 50mm；

(3) 阴阳角、管根部等处更应仔细清理，若有不同污渍、铁锈等，应以砂纸、钢丝刷、溶剂等清除干净；

(4) 穿出屋面的构/管件安装完毕后方可进行防水施工；

(5) 如果需要则应搭设脚手架进行卷材的吊装（以工程实际情况而定）；

(6) 做好安全、消防防备工作，配备足够消防器材，保障消防道路畅通。

6.3.2 屋面挂瓦系统施工操作要点

1. 斜坡瓦屋面系统为整体装配式屋面，采用的所有材料、配件均为工业化生产的成品产品，现场采用机械固定的方式安装。

2. 金属顺水压条采用高强自攻耐蚀自密螺钉固定于楼板结构层上。顺水压条竖向（垂直于屋面正脊、檐口）铺设，固定螺钉间距@500~600mm；螺钉间距依据荷载计算确定。但不得低于下述规定：

(1) 缓坡屋面（$\alpha \leqslant 35°$）的螺钉间距不得大于 500mm。

(2) 陡坡屋面（$35° < \alpha \leqslant 75°$）的螺钉间距不得大于 300mm。

3. 采用金属挂瓦条挂瓦。挂瓦条固定于顺水条上，挂瓦条间距依据选择的瓦型要求确定。

4. 固定顺水条的螺钉的螺纹拧固的有效深度应 $\geqslant$ 25mm；对于混凝土结构，采用 ϕ5.5 的冲击钻头在混凝土基层的打孔深度应大于螺钉拧固深度的 15mm（$\geqslant$25mm+15mm）。

5. 挂瓦铺设

瓦的固定措施需要依据建设地点是否位于地震、大风地区，以及屋面坡度的陡缓做出适当的调整。

（1）高层建筑应提高安全等级设防，采用设防烈度为 7 度以上的地震地区标准，全部瓦材均应采取紫铜丝栓固固定措施。

（2）瓦材与挂瓦条的栓固固定措施为采用双股 18 号铜丝，将瓦与金属挂瓦条捆绑。

（3）当建筑高度大于 30m，或屋面坡度大于 45°以及檐口处前 3 排瓦，每块瓦需要采用双点栓固固定。

6.3.3 SBS 沥青卷材施工操作要点

（1）基层检查、验收：选用适当工具清理基层，使基层平整、清洁、干燥，在凹凸不平的位置采用 EDEE 专用基层修补料进行修补，达到卷材施工条件。

（2）涂刷水性橡胶沥青防水涂料：用长柄滚刷将涂料涂刷在已处理好的基层表面，并且要涂刷均匀，不得漏刷或露底。涂刷完毕后，达到一定干燥程度（一般以不粘手为准）方可施行热熔施工。

（3）细部节点附加处理：对于转角处、阴阳角部位、出屋面管件以及其他细部节点均应做附加增强处理，附加层采用涂料与网格布相结合的方式进行处理。方法是先按细部形状将网格布剪好，在细部进行预铺，视尺寸、形状合适后，涂刷第一遍涂料，将网格布覆盖在涂料上，再涂刷第二遍涂料，待干燥后即完成附加层施工，要求网格布不得外露，涂料厚度均匀，平、立面延展各 250mm。

（4）弹线、预铺卷材：在已处理好并干燥的基层表面，按照所选卷材的宽度，留出搭接缝尺寸（长、短边搭接宽度为 100mm），将铺贴卷材的基准线弹好，以便按此基准线进行卷材铺贴。施工屋面工程卷材铺贴方向，应根据屋面坡度方向而定，在坡度小于 3% 时，卷材平行于屋脊方向铺设，且卷材搭接缝顺流水方向。屋面工程卷材铺贴顺序：高低跨相毗邻时，先做高跨，后做低跨，同等高度的屋面先远后近，同一平面内先铺雨水口、管道、伸缩缝、女儿墙转角等细部，然后从屋面较低处开始铺贴。

（5）热熔满粘卷材：将起始端卷材粘牢后，持火焰喷灯对着待铺的整卷卷材，使喷灯距卷材及基层加热处 0.3～0.5m 施行往复移动烘烤（不得将火焰停留在一处直火烧烤时间过长，否则易产生胎基外露或胎体与改性沥青基料瞬间分离），应加热均匀，不得过分加热或烧穿卷材。至卷材底面胶层呈黑色光泽并拌有微泡（不得出现大量气泡），及时推滚卷材进行粘铺，后随一人施行排气压实工序。

（6）热熔融合搭接缝：搭接缝卷材必须均匀、全面地烘烤，必须保证搭接处卷材间的沥青密实熔合，且有 10mm 熔融沥青从边端挤出，沿边端封严，以保证接缝的密闭防水功能。

（7）卷材收口：女儿墙、排风口/风道等（如果有）立面卷材终端收口应采用特制的专用收口压条（铝合金压条）及耐腐蚀螺钉固定（圆形构件卷材立面收口应采用金属箍紧固），沥青基密封膏密封，收口高度一般为不小于 250mm。此做法在保证防水系统的安全性能的前提下，对延长防水系统的安全使用寿命起到极大的帮助作用。

（8）检查验收防水层：铺贴时边铺边检查，检查时用螺丝刀检查接口，发现熔焊不实之处及时修补，不得留任何隐患，现场施工员、质检员必须跟班检查，检查合格后方可进入下一道工序施工。待自检合格后与甲方按照现行国家标准《屋面工程质量验收规范》GB 50207 验收，验收合格后方可进入下一道工序的施工。

（9）整体验收：工程完工后，与甲方按照现行国家标准《屋面工程质量验收规范》GB 50207 进行质量验收。

6.3.4 TPO 防水卷材施工操作要点

（1）前期准备：施工前应将卷材及系统配套材料按要求的品种规格准备齐全；并经检验质量符合相关标准。不得开盖贮存胶粘剂容器。不要破坏 TPO 卷材原始包装，并贮存在阴凉处，用帆布加以覆盖。

（2）基层清理：必须平整、干燥、干净，无空鼓现象。积水、冰或雪必须除去。在铺放卷材以前，清除基层上的碎屑和异物。

（3）铺贴防水卷材：首先进行放线，卷材的铺设方向应按照屋面顺水要求铺贴，施工时首先要进行预铺，把自然疏松的卷材按轮廓布置在基层上，平整顺直，不得扭曲，搭接宽度为 80mm。

（4）热风焊接卷材：使用自动热空气焊接机或手持热空气焊接机以及聚四氟乙烯辊，以热空气焊接 TPO 卷材。在焊接 TPO 卷材前，热风焊接的表面必须清洁无污物，需使用干净擦拭布，沿接缝方向擦拭卷材表面，或使用白色天然纤维抹布，以防织物对卷材染色。使用自动焊接机时，加热设定为 3～4m/min 下 538℃。同时，环境温度对焊接的温度及速度有着相应的影响，周围温度和卷材温度越低，自动热空气焊接机的速度就应调节控制得越慢，以保证焊接质量。

（5）细部节点处理：TPO 防水卷材收口处应用专业收口压条、混凝土螺钉固定，密封膏密封；阴阳角处以焊接法增铺附加卷材，附加卷材按各处形状折叠、裁剪后焊接。

（6）切边部位切边密封膏：在 TPO 卷材的切边上涂直径 3mm 切边密封膏，密封膏施工前需将打胶处清理干净，在保持干燥的情况下进行施工。

二维码6-4 模块
6任务单答案

模块 6 任务学习单

项目名称	项目编号	小组号	组长姓名	学生姓名
装配式屋面系统施工				
学生自主任务实施	一、单项选择题 1. 下列（ ）是《屋面工程技术规范》。 　A. GB 18242—2008　　　　　　　　B. GB 50009—2012 　C. GB 50207—2012　　　　　　　　D. GB 50345—2012 2. 非地震或大风地区，屋面坡度 $i\geqslant$（ ）时，全部瓦材采用栓固固定措施，当屋面坡度 $i<$（ ）时，檐口（沟）处的两排瓦、屋脊两侧各一排，沿山墙处一排瓦均应采取栓固固定措施。 　A. 0.3　　　　　　　B. 1.0　　　　　　　C. 0.5　　　　　　　D. 1.5

项目名称	项目编号	小组号	组长姓名	学生姓名
装配式屋面系统施工				

<table>
<tr><td rowspan="30">学生自主
任务实施</td><td>

3. 在转角、阴阳角、平立面交接处应抹成圆弧，圆弧半径不小于（　　）mm。

　A. 40　　　　　　　B. 50　　　　　　　C. 60　　　　　　　D. 30

4. TPO 高分子卷材厚度为 1.2mm，采用（　　）压顶施工工法，卷材搭接边采用热风焊接。

　A. 空铺　　　　　　B. 满铺　　　　　　C. 热熔　　　　　　D. 自粘

5. 滞水型雨水收集压铺系统选用的断级配人工砂为（　　）。

　A. 特细砂　　　　　B. 细砂　　　　　　C. 中砂　　　　　　D. 粗砂

二、判断对错

1. 根据屋面坡度方向而定，在坡度＜3％时，卷材垂直于屋脊方向铺设，且卷材搭接缝顺流水方向。

（　　）

2. 屋面工程卷材铺贴顺序：高低跨相毗邻时，先做低跨，后做高跨，同等高度的屋面先远后近，同一平面内最后处理雨水口、管道、伸缩缝、女儿墙转角等细部节点。（　　）

3. 屋面坡度大于 30％时，不宜采用沥青类防水涂料、流平性大的涂料及成膜时间过长的涂料。（　　）

4. 装配式坡屋面系统需设置隔汽层，采用 PMC-421 防水灰浆，施工于结构楼板上，厚度为 2mm，要求厚度均一，表面平整。（　　）

5. 非地震或大风地区，当屋面坡度 i＜0.5 时，全部瓦材采用栓固固定措施，屋面坡度 i≥0.5 时，檐口（沟）处的两排瓦、屋脊两侧各一排，沿山墙处一排瓦均应采取栓固固定措施。（　　）

6. 保温系统中下层保温板分格设置，采用宜顶（EDEE）专用单层排水直式落水口组件，可实现径流和渗流的双层排水，保证了屋面系统的排水能力。（　　）

7. 钢筋混凝土结构板其混凝土须符合《混凝土结构设计规范》GB 50010 要求，且强度应高于 C20，施工中应先浇筑、再找平，保证建筑构造要求的几何形状和尺寸。（　　）

8. 挂瓦铺设时当建筑高度大于 30m，或屋面坡度坡度大于 45°以及檐口处前 3 排瓦，每块瓦需要采用双点栓固固定。（　　）

9. 女儿墙、排风口/风道等（如果有）立面卷材终端收口应采用特制的专用收口压条（铝合金压条）及耐腐蚀螺钉固定（圆形构件卷材立面收口应采用金属箍紧固），沥青基密封膏密封，收口高度一般为不大于 250mm。（　　）

10. 在 TPO 卷材的切边上涂直径 3mm 切边密封膏，密封膏施工前需将打胶处清理干净，在保持干燥的情况下进行施工。（　　）

三、多项选择题

1. 4mm 厚 SBS 高聚物改性沥青防水卷材，防水可靠度大于（　　）％，对混凝土结构的防水保护设计寿命期为（　　）年，实际使用寿命期可达（　　）年以上。

　A. 99％　　　　　　B. 98.8％　　　　　C. 98.5％　　　　　D. 20　　　　E. 50

2. 宜顶（EDEE）屋面系统构造层次包括（　　）。

　A. 基体防水保障系统　　　　　　　　B. 层间排水系统

　C. 保温系统　　　　　　　　　　　　D. 衬垫防水系统

　E. 滞水型雨水收集压铺系统　　　　　F. 景观压铺系统

3. "双层设防"宜顶（EDEE）屋面系统，主要有装配式（　　）。

　A. 平屋面系统构造　　　　　　　　　B. 曲面屋顶系统构造

　C. 斜屋面系统构造　　　　　　　　　D. 多波式折板屋顶系统构造

4. 屋面防水采用防排结合防水进行设防，做到（　　）相结合。

　A. "堵"　　　　　　B. "疏"　　　　　　C. "排"　　　　　　D. "导"

5. 基于采用可靠性分析设计，以最大程度的降低渗漏水概率、提高设计使用寿命、维护结构功能为基本出发点，设计了集（　　）功能为一体化的宜顶（EDEE）工业化装配式屋面系统。

　A. 防水　　　　　　B. 保温　　　　　　C. 防护　　　　　　D. 隔热

</td></tr>
</table>

项目名称	项目编号	小组号	组长姓名	学生姓名
装配式屋面系统施工				

学生自主任务实施	四、简答题 1. 宜顶（EDEE）平屋面系统构造层次主要包括哪些系统？ 2. 工业化装配式平屋面系统对于保温材料的要求有哪些？ 3. 斜屋面宜顶装配式屋面系统屋面构造做法是什么？
	五、工程实践 查找宜顶装配式屋面系统专项方案，掌握宜顶装配式屋面系统施工专项方案编制的主要内容。
完成任务总结（做一个会观察、有想法、会思考、有创新、有工匠精神的学生）	一、学习中存在的问题和解决方案
	二、收获与体会
	三、其他建议

模块6 任务评价单

小组		学号		姓名		日期		成绩	
职业能力评价	分值	自评（10%）		组长评价（20%）			教师综合评价（70%）		
完成任务思路	5								
信息搜集情况	5								
团结合作	10								
练习态度认真	10								
考勤	10								
讲演与答辩	35								
按时完成任务	15								
善于总结学习	10								
合计评分	100								

附录　防水工程案例

大国工匠筑中华建筑魂，华夏儿女攀世界技术峰

　　建筑防水工程是保障建筑物的结构不受水的侵蚀，使房屋内部空间不受水的危害的一项系统性工程，它在建筑施工中占有很重要的地位。北京东方雨虹防水技术股份有限公司（以下简称"东方雨虹公司"）作为建筑防水行业的龙头上市企业，怀揣着"风雨无忧"的期许，扎根建筑防水行业深耕细作，以敢为人先的勇气，攻城拔寨的决心，攻克一个又一个施工技术难题，开辟出了一条追逐"真善美"的发展路径。在近 30 年的企业发展中，全体东方雨虹人不忘社会使命与企业担当，多次参与到国内、国际的重大建筑工程建设项目中，承担重要建筑节点部位的防水施工任务，将大国工匠的技艺融入世界各地的建筑血液中。如果将每一座建筑物比作是一件艺术品的话，雨虹工匠就是那暴风雨中为艺术品撑起的一把大伞。

一、知行合一、传承民族文化

　　中央歌剧院隶属文化和旅游部，是亚太地区最具规模实力和人才优势的国家艺术院团。在 60 多年的发展历程中，剧院创编了一大批优秀剧目，曾荣获全国"五个一工程奖"、文化部文华大奖、文华新剧目奖、文华表演奖、中国舞蹈"荷花奖"等 100 多项国家级奖项。在金砖国家领导人峰会、博鳌亚洲论坛、APEC 峰会、香港回归 20 周年等国家重大活动中出色完成演出任务。剧院引进排演了《茶花女》等世界歌剧经典剧目；演出或原创了歌剧《白毛女》《红军不怕远征难》及舞剧《花木兰》等优秀作品。2016 年东方雨虹公司参与剧院翻新工程的地下防水施工，施工效果好。

中华世纪坛是为了迎接 21 世纪新千年而兴建的。现主要作为中华世纪坛世界艺术馆使用，是中国第一家以世界艺术为收藏、展示、研究对象的公益性国家文化事业机构。东方雨虹公司曾参与该建筑的地下室及屋面防水施工。

二、民族自信、助力铸魂育人

北京大学是众多莘莘学子梦想的高等学府。东方雨虹公司曾参与北京大学体育馆的屋面防水维修施工，为培养人才保驾护航。

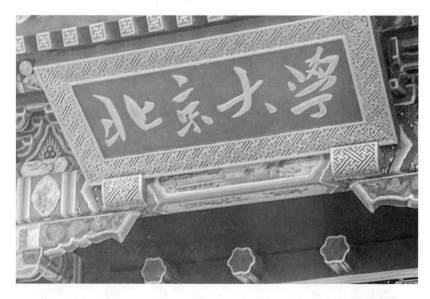

上海迪士尼乐园，是中国内地首座迪士尼主题乐园。自建立以来，引得众多小朋友的喜爱。单日客流量达数十万人次。东方雨虹公司曾参与该项目的防水施工。

三、援建方舱、捍卫人民安全

疫情无情人有情，在湖北武汉疫情突发的情况下，东方雨虹公司积极响应国家的号召，成为首批逆行者，参与到武汉方舱医院的建设之中，为挽救每个生命而努力。近日，香港疫情肆虐，香港同胞面临着医疗资源短缺的困窘，东方雨虹人再次踏上征程，加入香港方舱医院的建设队伍，为祖国和平、人民安康的事业鞠躬尽瘁。

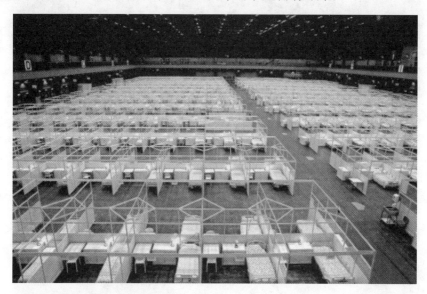

四、勇于践行、弘扬体育精神

北京是奥运史上唯一的一座双奥城市，东方雨虹公司也有幸参与了两届奥运会会场及奥运村建设的防水建筑工程。众所周知，奥运场馆（鸟巢、水立方）的独特设计风格得到了很多国际的大奖，却给施工带来了很大的困难。面对基层复杂、工期紧、多团队协同等项目特点，东方雨虹成立技术尖峰小组，抽派高级技术总工及多名施工工匠参与项目施工，如期保质地完成了施工任务，助力国家为世界人民展现了多个宏伟壮丽的体育竞技场馆，并为来自五湖四海的运动健儿提供了舒适的生活居住环境。

五、不畏艰辛、修缮美丽城市

随着城市经济的发展，很多城市都在大兴土木拓荒植绿，老旧社区大量维修翻新。东方雨虹公司也参与了很多城市和工业项目的改建工程，为地方群众改变生活环境、交通及地方城市建设付出了大量的艰辛。参与施工的重大项目有：港珠澳大桥项目、北京城市副中心建设项目、首都机场 3 号航站楼建筑工程项目、上海浦东国际机场项目、上海虹桥国际机场项目、广州白云机场项目、京沪高速铁路项目、新建蒙西至华中地区铁路煤运通道工程项目、北京市南水北调配套工程项目、西安常宁新区地下综合管廊项目、贵州六盘水城市地下综合管廊项目、沈阳华晨宝马汽车有限公司新工厂屋面防水工程、常熟奇瑞捷豹路虎合资厂房屋面防水工程、太阳纸业生产车间屋面 TPO 防水工程项目、一重集团大连石化装备有限公司厂房屋面防水工程、北京朝阳区堡头区焦化厂公租房项目、天津远洋城 A 地块项目、太原万国城 MOMA 项目等。

六、国际工程彰显工匠技艺

东方雨虹公司不仅在国内承接了大量的防水施工项目，也积极承接多个国际建筑工程项目，与当地的施工团队互相学习、高效协同。将我国最新的建筑防水材料和施工工法带到世界各国，用最优质的施工质量和客户的高度认可来彰显中国工匠大师的技艺精髓。近年来参与的国际建设项目有：马来西亚森林城市项目、委内瑞拉铁路项目、印度尼西亚白水水电站项目、尼日利亚轻轨项目、新加坡地铁项目等。

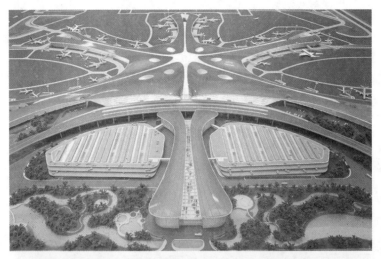

参考文献

[1] 中华人民共和国住房和城乡建设部，中华人民共和国国家质量监督检验检疫总局．屋面工程技术规范(GB 50345—2012)．北京，2012.

[2] 中华人民共和国住房和城乡建设部，中华人民共和国国家质量监督检验检疫总局．坡屋面工程技术规范(GB 50693—2011)．北京，2011.

[3] 中华人民共和国住房和城乡建设部．种植屋面工程技术规程(JGJ 155—2013)．北京，2013.

[4] 中华人民共和国住房和城乡建设部．倒置式屋面工程技术规程(JGJ 230—2010)．北京，2010.

[5] 中华人民共和国住房和城乡建设部．采光顶与金属屋面技术规程(JGJ 255—2012)．北京，2012.

[6] 中华人民共和国住房和城乡建设部．单层防水卷材屋面工程技术规程(JGJ/T 316—2013)．北京，2013.

[7] 中华人民共和国住房和城乡建设部．建筑屋面雨水排水系统技术规程(CJJ 142—2014)．北京，2014.

[8] 中华人民共和国住房和城乡建设部．建筑和市政工程防水通用规范(征求意见稿修改稿)．北京，2019.

[9] 中华人民共和国住房和城乡建设部．屋面工程技术规范(GB 50345—2012)(局部修订条文征求意见稿)．北京，2020.

[10] 张道真．建筑防水．北京：中国城市出版社，2014.

[11] 沈春林．屋面工程防水设计与施工(第二版)．北京：化学工业出版社，2016.

[12] 王寿华，王比军．屋面工程设计与施工手册．北京：中国建筑工业出版社，1996.

[13] 刘宇，赵继伟，赵莉．屋面与装饰工程施工．北京：北京理工大学出版社，2018.

[14] 中华人民共和国住房和城乡建设部．地下工程防水技术规范(GB 50108—2008)．北京：中国计划出版社，2009.

[15] 鞠建英．实用地下工程防水手册．北京：中国计划出版社，2002.

[16] 张凤祥、朱合华、傅德明．盾构隧道．北京：人民交通出版社，2004.

[17] 戎建波，谭辉，丛连庆，逯铭华．常州某厂房消防废水池工程防水施工技术．江苏常州：中国建筑防水，2014

[18] 中华人民共和国住房和城乡建设部．地下防水工程质量验收规范(GB 50208—2011)．北京，2011.

[19] 中华人民共和国住房和城乡建设部．屋面工程质量验收规范(GB 50207—2012)．北京，2012.

[20] 中华民共和国住房和城乡建设部．住宅室内防水工程技术规范(JGJ 298—2013)．北京，2013.

[21] 张道真．防水工程设计．北京：中国建筑工业出版社，2010

[22] 建筑施工手册3/《建筑施工手册》(第五版)编写组编．北京：中国建筑工业出版社，2020.

[23] 建筑工程施工质量验收统一标准(GB 50300—2001)．中华人民共和国建设部编写．北京：中国建筑工业出版社，2013.

[24] 屋面工程质量验收规范(GB 50207—2002)．中华人民共和国建设部编写．北京：中国建筑工业出版社，2019.

[25] 地下防水工程质量验收规范(GB 50208—2002)．中华人民共和国建设部编写．北京：中国建筑工业出版社，2002.

[26] 建筑地面工程施工质量验收规范(GB 50209—2002)．中华人民共和国建设部编写．北京：中国建筑工业出版社，2002.

［27］　王秀花．建筑材料．北京：机械工业出版社，2003.7.

［28］　祖青山．建筑施工技术．北京：中国环境科学出版社，1997.10.

［29］　卢循．建筑施工技术．上海：同济大学出版社，1999.7.

［30］　高琼英．建筑材料(第2版)．武汉：武汉理工大学出版社，2002.4.

［31］　姚谨英．建筑施工技术．北京：中国建筑工业出版社，2016.

［32］　魏鸿汉．建筑材料．北京：中国建筑工业出版社，2003.

［33］　冯为民．建筑施工实习指南．武汉：武汉工业大学出版社，2000.7.